云南西双版纳特色野生蔬菜

闫丽春　罗艳　施济普　主编

TYPICAL WILD VEGETABLES IN XISHUANGBANNA, YUNNAN

图书在版编目（CIP）数据

云南西双版纳特色野生蔬菜 / 闫丽春，罗艳，施济普主编. — 北京：商务印书馆，2022
ISBN 978－7－100－21129－1

Ⅰ.①云…　Ⅱ.①闫…　②罗…　③施…　Ⅲ.①野生植物—蔬菜—介绍—西双版纳　Ⅳ.① S647

中国版本图书馆 CIP 数据核字（2022）第 076374 号

云南西双版纳特色野生蔬菜
闫丽春　罗艳　施济普 主编

商 务 印 书 馆 出 版
（北京王府井大街 36 号　邮政编码 100710）
商 务 印 书 馆 发 行
北京雅昌艺术印刷有限公司印刷
ISBN 978－7－100－21129－1

2022 年 9 月第 1 版　　开本 787×1092　1/16
2022 年 9 月北京第 1 次印刷　　印张 12

定价：95.00 元

中国科学院战略先导科技专项（Strategic Priority Research Program of the Chinese Academy of Sciences）南海生态环境变化（XDA13020602） 资助

云南西双版纳特色野生蔬菜

编者名单

主　　编：闫丽春　　罗　艳　　施济普
参与人员：申健勇　　马兴达　　朱仁斌
　　　　　郗厚诚　　王文广　　赖　菡
　　　　　黄建平　　刘　勐　　王　力

目录

序一

很高兴成为《云南西双版纳特色野生蔬菜》一书的第一位读者。可能因我在20年前出版了《中国云南热带野生蔬菜》一书，编者执意要我写序。感谢编者对我的信任。

记得30年前初来西双版纳，到市场买菜时，我这个学农出身的农家子弟，竟然不认识市场上的大多数蔬菜，许多常见却从未想到可以食用的野花野草在这里竟是美味佳肴。尴尬之余就开始对西双版纳及云南的野生蔬菜进行调查，前后花了近10年时间，调查了云南60多个县市的几百个乡村、集市，发现云南食用野生蔬菜的传统知识太厚重，云南的野生蔬菜种类太丰富，没人能完全统计云南人究竟食用多少种野生蔬菜，没人能确切地知道西双版纳少数民族食用多少种野生蔬菜。

野生蔬菜是相对广泛栽培的家栽蔬菜而言，《诗经》记载的许多蔬菜，至今部分地区仍在食用。明代，随着人口大规模增加，食物短缺成为民生大事。每年青黄不接时，野菜是度荒的重要食物，因而官方或有官方背景的作者编撰了《救荒本草》和《野菜博录》等，以备民众度荒。清代及民国时期，野菜仍是穷人的重要食物。目前野生蔬菜（野生食用植物）仍然是许多发展中国家原住民的重要食物资源。在中国，随着许多优良蔬菜品种的引种、选育和栽培，野生蔬菜逐步退出了国内的大多数市场。但近年来，随着生活水平的提高和对生活品质的追求，以“生态环保”和“健康”为标志的野生蔬菜逐渐成为新宠。

西双版纳是我国植物资源极为丰富的地区，这里与东南亚北部地区民族同源、文化相通，各民族相互交流植物利用知识。加上前期与其他地方交通不便，多种原因促成了西双版纳独特而多样化的传统饮食文化。这里的野生蔬菜资源丰富，食用方式也五花八门。

近年来书市上也有许多关于野生蔬菜的著作面世，或为完成项目而作，或身在都市、缺乏第一手资料，总让人觉得似曾相识而轻轻“飘”过；微信上常有有心人发布大量野生蔬菜的图片或视频，但多出自业余爱好者，专业性不强。

本书编者长期生活在西双版纳，对西双版纳野生蔬菜做了系统全面的调查研究，从中遴选出 108 种有代表性的种类，对每种野生蔬菜的形态特征、分布和生境、采集时间、食用方法和药用价值一一做了介绍。每种植物均配有精美图片，并有植物各部分如花、果实、种子等的放大图片，便于读者辨认。这是一本难得的学术与科普相融合的佳作，读者在认识西双版纳野生蔬菜、品味这些山珍美味时，也能体验到西双版纳环保、生态、健康的美食文化。

中国科学院西双版纳热带植物园研究员

2021 年 3 月于版纳植物园

序二

云南省位于中国西南边陲，特殊的地理、气候和地质历史造就了这里高度富集的生物多样性，孕育了我国 50%以上的动植物物种。云南南部的西双版纳，是以热带雨林为特色的生物区系。这里有 13 个世居民族，他们在长期与自然和谐相处的过程中，发掘了大量可食用的植物，特别是作为蔬菜的野生植物。各民族对野生蔬菜的采集、加工、烹调和利用方式各不相同，形成了丰富多彩的民族饮食文化。

吾过去对野生蔬菜虽有所闻和所尝，但是只知其一不知其二。来到西双版纳之后，才看到众多来自山林的野生植物频繁出现在当地人的餐桌上，有花、有果、有叶……，或蒸、或煮、或烤……，种类繁多，滋味各异。

野生蔬菜生长于深山野林，具有一定的药用价值和保健作用。近年来，随着人们生活水平的提高和保健意识的增强，“天然、绿色”的野生蔬菜备受消费者青睐。随着人口的快速增加和人类对自然资源的过度开发，土地利用格局发生了巨大变化，原始森林植被迅速减少，很多野生植物资源可能在我们还未能充分了解利用之前就已消失，野生蔬菜传统利用知识也面临着传承危机。

中科院西双版纳热带植物园的闫丽春、罗艳、施济普等人，对西双版纳野生蔬菜资源进行了全面深入的调查，在前人研究的基础上，甄选出具有地方特色、食用口味佳并具有营养保健价值的 108 种野生蔬菜编撰出版。该书是云南生物资源开发利用的重要成果之一。尽管大部分野生蔬菜的化学成分、药用机理仍有待深入研究，但它们为发掘药用和食用植物资源提供了线索和思路。该书的出版将为进一步开发利用这些野生植物资源提供重要参考，也为传承民族传统饮食文化做出重要贡献。

中国科学院西双版纳热带植物园研究员

朱华

2021 年 3 月于版纳植物园

前言

俗话说“民以食为天”，食物是人类赖以生存的物质基础。植物作为蔬菜的来源，可提供人体所需的蛋白质、维生素、微量元素、矿物质和膳食纤维等，是人类不可缺少的重要食物。很多蔬菜不仅是低糖、低盐、低脂的健康食物，还能有效地减轻环境污染对人体的损害，预防多种疾病。

人类栽培植物的历史悠久，从公元前10,000年到前7000年农耕文化兴起，就开始蔬菜种植。目前，世界范围内广泛种植的蔬菜有60多种。迄今为止，地球上有记载的植物超过30万种，经证明可食用的约有3万种。这些可食用的植物绝大部分处于野生状态，尚未进行大规模的驯化栽培，是大自然给人类的馈赠。野生蔬菜是可食用野生植物中重要的组成部分，具有栽培蔬菜无法比拟的物种多样性和遗传多样性，是开发功能性食品、解决人类诸多健康问题的重要资源库。野生蔬菜多生长于深山野林、荒坡草地等自然环境，不施用化肥和农药，是天然的绿色食品。野生蔬菜未经人工选育和驯化，保留着野生植物的形态特征。成分各异的次生代谢物，使野生蔬菜具有独特的色、香、味。

野生蔬菜，云南方言叫“山茅野菜”，意思是这些天然美味来自深山野林。西双版纳的野生蔬菜资源，无论在种类还是可采集量上，都极为丰富。西双版纳位于云南省南部，与缅甸、老挝接壤，邻近越南、泰国和柬埔寨。由于地理位置和地形地貌特殊，西双版纳形成了热带湿润气候，具有真正的热带雨林特征。这里被称为“北回归线上的绿洲”，被列为全球25个优先重点保护的生物多样性热点区域之一。这里也是中国生物多样性最丰富的区域之一，有野生种子植物4152种，野生蔬菜资源极为丰富，有近300种。

西双版纳地区少数民族众多，有傣族、哈尼族、基诺族等13个世居民族。他们在与大自然和谐相处的过程中，发掘了各种各样的食物资源，创造出丰富的民族饮食文化。他们利用野生蔬菜的方式极具特色，不仅食用的野菜种类繁多，食用部位多种多样，加工和食用方法的多样性也很显著。

西双版纳傣族人的祖先留下了“有林才有水，有水才有田，有田才有粮，有粮才有人”的遗训，森林是西双版纳傣族传统文化的根与源。近年来，随着大量的森林被各种经济林取代，野生蔬菜来源地减少，野生蔬菜变得越来越难以获取。在这种情况下，庭园栽培甚至大规模的蔬菜种植正在改变西双版纳地区少数民族的传统饮食结构。与此同时，野生蔬菜传统知识的流失也是一个不容小觑的问题。这种传统知识很大一部分仅由少数人掌握，而且这部分人大都是老人，知识传承面临着危机。同时，人口增加、环境变化、外来蔬菜品种的引入以及生活方式的改变等多种因素也加速了这些传统知识的流失。许多宝贵的野生蔬菜资源鲜为外界所知，相关的科学研究明显不足，诸如营养组成、活性成分、医疗价值、保健功能等，深入的研究很少。如果不采取有效措施进行保护，多年以后劳动人民长期实践中积累的传统野生蔬菜知识就可能最终消亡。这些知识的流失对我们来说将是一个极大的损失。对于西双版纳等生物多样性和文化多样性热点地区有特色的传统野生蔬果，我们有必要加强系统研究、功能评价和产品研发。

20 世纪 80 年代，以裴盛基、许再富等为代表的中国科学院西双版纳热带植物园（以下简称“版纳园”）的科研人员在西双版纳地区开展了民族植物学研究，对云南少数民族尤其是西双版纳各民族的野生蔬菜传统知识进行了深入的调查研究。李延辉、龙春林、许建初、王洁如等对西双版纳傣族、哈尼族、基诺族等民族利用野生蔬菜的传统知识进行了研究。许又凯等人系统地调查了云南热带地区的野生蔬菜资源，出版了专著《中国云南热带野生蔬菜》，介绍了云南热带地区的 149 种野生蔬菜，并于 1996 年在版纳园建立了野生蔬菜园，经过多年的物种收集和保存，今天已经发展成为占地约 150 亩、收集保存野生食用及栽培植物近缘种 400 余种的野生食用植物专类园，为云南热带地区野生食用植物资源的保护和可持续利用做出了重要贡献。

2016 年，版纳园承接了中国科学院先导科技专项“南海环境变化”项目二子课题——“适生果蔬种质资源收集与评价”专题，本书编者负责其子课题“云南热带适生果蔬”的调查任务，于 2016 ～ 2020 年，多次带队到西双版纳、元江、普洱、墨江等地进行野生果蔬的调查和收集。随着调查的全面展开和深入，一些新的果蔬资源不断地补充进来。历经近 5 年的时间，通过野外考察、市场调查、民间走访、标本采集鉴定、文献资料查阅等，调查到西双版纳地区常见的野生蔬菜有近 200 种。从中甄选出具有地方特色、食用口味佳、具有一定营养保健价值的野生蔬菜 108 种（隶属于 50 科 92 属），编撰成《云南西双版纳特色野生蔬菜》一书。

本书对种类众多、滋味各异的西双版纳特色野生蔬菜进行梳理和展示，希望能够抛砖引玉，对当地野生蔬菜资源的开发、利用和保护起到推动作用。

第一章

谈古论今说野菜

在《说文解字》中，“草之可食者”即为“菜”，而“蔬”同“菜”，二字同义，说明蔬菜来源于野生植物。“谷不熟为饥，蔬不熟为馑”，意为粮食和蔬菜收成不好，即为饥馑之年，表明了蔬菜与粮食的地位等同，是人们生活中不可缺少的重要食物来源。蔬菜含有丰富的维生素、蛋白质、矿物质和人体必需的微量元素。中医认为“五谷为养，五果为助，五畜为益，五菜为充，气味合而服之，以补精益气”。《黄帝内经·素问》云“五菜为充。所以辅佐谷气，疏通壅滞也”。李时珍的《本草纲目》强调“菜之于人，补非小也”。这些都表明了蔬菜的重要性。蔬菜含有维持人体正常生理活动和身体健康所需的营养物质，是人类不可缺少的重要食物。

从古人造字的本义来看，“菜”由“采”衍生而来，“采”的上半部为“爪”，为人手之意，下半部为“木”，为植物之意。“爪”“木”结合为采，形象地表现了人们用手指采摘草木果实的情景，“采”再加上“艹”即为“菜”。古人采食野生植物作为主要的食物来源，这就是最早的蔬菜。“百草根实可食者”皆为可利用的蔬菜来源。人们后来又将山中采集到的可食用野生植物带回家中驯化和培育，最终形成了人类栽培食用的蔬菜品种。甲骨文中的“圃”为菜园子的意思，说明我国很早就开始蔬菜栽培了。《国语·鲁语》记载“昔烈山氏之有天下也，其子曰柱，能殖百谷百蔬”，说的就是神农的后代柱会种植各种谷物和蔬菜。

实际上，驯化的蔬菜种类在可食用野生植物资源中只占很少的一部分，主要集中在十字花科、茄科、豆科、葫芦科等[1]。现在人们把栽培蔬菜之外的菜类统称为野生蔬菜，简称野菜，主要指野生状态下自然分布、尚未进行大规模驯化和栽培[2-4]的可食用植物。农业进步推动了蔬菜的广泛种植，但人类生活依然离不开野菜。2500年前《诗经》咏诵的“参差荇菜，左右流之”“彼采葛兮……彼采萧兮……彼采艾兮……”等，就生动形象地描绘了人们采集野生蔬菜的场景。野菜虽是辅助食品，未能在餐桌上占据主要地位，但在古代饥荒年代起到了很大的作用，是老百姓用来充饥救命的食物。古代的农书和本草书，如《千金食治》《食疗本草》《本草纲目》《救荒本草》《神农本草经》和《植物名实图考》等，都记述了野生蔬菜的分布、特征、采食方法等。其中备受推崇的《救荒本草》为明太祖朱元璋的儿子朱橚所著。他曾两次被流放云南，体察了民间疾苦，认识到野生食用植物可作为饥荒时重要的食物来源。于是他设立了专门的植物园，种植从民间收集来的各种可食用的野生植物，并编著了我国第一部野菜专著。该书记录了414种植物，每种都配有精美的木刻插图，详细记述了野生植物可食用的部位、植株形态、生长环境和加工处理及烹调方法，是我国古代不可多得的一部科学性极强的野菜图志。清代文学家顾景星编写的《野菜赞》也给予了野菜高度的赞誉。顾景星经历顺治时期蕲州城的旱灾时曾靠野菜充饥，缘此写下了《野菜赞》，书中用优美而简明的语言记述了 44 种野菜的形貌、用途、功效等。“鸡冠苋（即青葙子，高可三四尺，花穗直出而尖长，如兔尾。有红黄白三种。嫩时炸食，味如苋）”，“马齿苋（俗名长命菜，又名龙牙菜。味酸滑，多生圃地，根子可种。蒸作干蔌，治症块血痢痔节间，有水银取法，详本草）”，每种植物描述得绘声绘色，读起来朗朗上口，通俗易懂。

现代研究表明，许多可食用的野生植物具有很高的营养价值和药用价值，且独具风味，已经逐步成为现代人喜爱的食材，被人们广泛食用[2]。野生蔬菜比栽培蔬菜含有更丰富的膳食纤维、蛋白质和维生素等，是天然的绿色健康食品[3,5-6]。栽培蔬菜的蛋白质含量为 0.4% ～ 3.2%，相比之下野生蔬菜通常含量更高，如甜菜（守宫木，*Sauropus androgynus*）的蛋白质含量为 5.81%，香椿（*Toona sinensis*）的蛋白质含量为 5.86%，臭菜（羽叶金合欢，*Acacia pennata*）的蛋白质含量更是高达 8.59%[7-8]。野菜中的膳食纤维含量也比栽培蔬菜高很多，大白菜的纤维素仅为 1%，鹅肠菜（*Myosoton aquaticum*）的纤维素含量可达 37.6%[9]。能给人类提供甜味感受的不只是糖分子，氨基酸也能让人体会到甜的美好，一些野菜含有丰富的甜味和鲜味氨基酸，让食材有了鲜甜的滋味。例如云南热带地区人群特别喜欢食用一种野菜——滑板菜（连蕊藤，*Parabaena sagittata*），它的鲜味氨基酸（谷氨酸和天冬氨酸）含量高达 8.72%，比我国北方最常吃的大白菜所含的鲜味氨基酸（0.57%）高 14 倍还不止。滑板菜的甜味氨基酸（丙氨酸、甘氨酸、丝氨酸、脯氨酸）含量也很高，约为 8.28%，是栽培蔬菜上海青（小油菜）的 23 倍[9]。野菜中还含有人体必需的微量元素，例如蒲公英（*Taraxacum mongolicum*）含有较高的铬，含量为每千克 2.28 毫克；马蹄叶（积雪草，*Centella asiatica*）含有较高的锰和铁，含量分别为每千克 54 毫克和 2216 毫克；滑板菜中铜的含量很高，为每千克 35 毫克；蕨菜（*Pteridium aquilinum* var. *latiusculum*）含有较高的镍，含量为每千克 6.86 毫克[9]。

野生蔬菜多生长于深山野林、荒坡草地，无须人工栽培和管理，又不施用化肥和农药，其生态环境（包括大气、水质、土壤）洁净无污染，是人们餐桌上理想的“绿色生态有机蔬菜”。野生蔬菜未被人工选育和驯化过，保留着野生植物的形态特征，次生代谢物成分各异，使野生蔬菜具有独特的色、香、味。香椿、臭菜、鱼腥草（蕺菜，*Houttuynia cordata*）具有特殊的味道；苦凉菜（少花龙葵，*Solanum americanum*）、刺五加（*Eleutherococcus setosus*）、苦子果（水茄，*Solanum torvum*）入口虽苦而苦后回甘；木棉花（*Bombax ceiba*）、老白花（白花洋紫荆，*Bauhinia variegata* var. *candida*）、金雀花（锦鸡儿，*Caragana sinica*）等娇艳多姿、滋味可口；水香菜（水香薷，*Elsholtzia kachinensis*）、辣蓼（水蓼，*Polygonum hydropiper*）、大芫荽（刺芹，*Eryngium foetidum*）浓香馥郁而爽口；竹笋、芭蕉心、草芽（*Typha orientalis*）脆嫩鲜甜。还有一些野生蔬菜含有丰富的有机酸类，如酸扁果（毛车藤，*Amalocalyx microlobus*）、酸叶胶藤（酸叶藤，*Urceola rosea*）等具有令人愉快的酸味。野生蔬菜食用方法也多种多样，可以生食、凉拌、炒食、烤食、蒸食、煮汤、腌渍、制作干菜等。加工后的野菜颇具地方特色：腌渍的树头菜（*Crateva unilocularis*）和香椿芽味道酸鲜，别具一格；晒干的青苔、蕨菜和马齿苋（*Portulaca oleracea*）风味和口感亦佳。

同时，多数野生蔬菜还含有生物碱类、黄酮类、萜类、糖苷等多种有效化学物质，具有重要的药用价值[7]。在《中国药典》中，上百种中药材的基源植物都是药食两用植物，可以作为野生蔬菜食用。全国各地常见的蒲公英、马齿苋、鱼腥草、车前（*Plantago asiatica*）、委陵菜（*Potentilla chinensis*）等，既是人们熟知的野菜，也因其药用价值而成为一些药品的主要成分。蒲公英性甘苦而寒凉，具有清热解毒、抗炎杀菌的功效，还有疏通乳腺、保护肝脏的作用；马齿苋和鱼腥草具有消炎杀菌的作用，被称为“天然抗生素”[10-11]。委陵菜中的没食子酸和槲皮素是抗菌剂的主要活性成分，具有清热解毒、凉血、止痢的功效[12]。车前含车前草苷、高车前苷、熊果酸、豆甾醇等有效成分，具有祛痰镇咳、抗病原微生物等作用[13]。

说到喜食野菜和利用野菜资源的传统，历史悠久且资源最为丰富的莫过于云南西双版纳地区。野生蔬菜，云南人称之“山茅野菜”，意味着这些天然美味都来自深山野林。西双版纳的野生蔬菜资源，无论在种类还是可采集量上，都是最丰富的。据统计，我国野生蔬菜约有 213 科 815 属 1800 余种[14]，云南省广为食用的野生蔬菜约有 92 科 348 种[14-16]，仅西双版纳地区就有近 300 种[7,17]。西双版纳具有得天独厚的地理位置和气候条件，分布着极为丰富的热带、亚热带植物资源，由此孕育出丰富的野生蔬菜资源，一年四季都可以采食不同的野生蔬菜[18-20]。在西双版纳少数民族聚居的地方，人们食用的野生蔬菜可占到日常蔬菜食用量的三分之二。西双版纳地区世居的少数民族众多，有傣族、哈尼族、基诺族等，他们食用野生蔬菜的历史悠长，形成了独特的饮食文化。他们食用和利用野生蔬菜的方法极具特色，不仅食用的野菜种类繁多，食用部位也多种多样，包括块根、块茎、嫩芽、嫩叶、花、果实等，此外食用方法也多种多样，除了普通的煎、炸、煮、炖之外，还有别具特色的烤（包烧）、蒸（包蒸）、舂、腌、剁生等方式。野生蔬菜既可以作为烹饪的主材料，也可以作为主菜的调料或佐料。

第二章

西双版纳的地理植被概况和植物多样性

在傣语中，“西双版纳”的字面意思是“十二千田”，指这里由古代12个傣族部落合并而成。现在西双版纳是云南省下辖的西双版纳傣族自治州，也是我国唯一以傣族冠名的自治州。州内人口约83万，有傣、汉、哈尼、拉祜、彝、布朗、基诺、瑶、佤、回等13个世居民族，其中傣族人口居多，占全州人口的34%[21]。西双版纳，古代傣语称“勐巴拉娜西”，意思是“理想而神奇的乐土”，这里以神奇的热带雨林自然景观和浓厚的少数民族风情而闻名。

2.1 西双版纳的地理植被概况

热带地区是地球上水热和光照条件最为优越、生物多样性最丰富的地区。全球的热带雨林以占7%的陆地面积容纳了全世界一半以上的动植物物种，其较高的生物多样性和生产力备受世人关注[22-23]。中国的热带地区主要分布在西藏东南部、云南、广西、台湾的南部和海南岛，这些地区在地理上均属于热带亚洲的北部边缘；其中保存下来的较典型的也是面积最大的热带森林，主要在云南南部，即西双版纳地区。

西双版纳地处我国云南省南部、澜沧江下游、横断山脉末端，位于北纬21°09′～22°36′，东经99°58′～101°50′，面积19,690平方公里，属北回归线以南的热带湿润区。东西面与江城县、思茅区相连，西北面与澜沧县为邻；东南部、南部和西南部分别与老挝、缅甸接壤，国境线长达966.3公里[24]。西双版纳地处东南亚

热带季节性雨林

大陆热带地区北部边缘，其北部的哀牢山和无量山在一定程度上阻挡了冬季西北方南下的寒流；东南和西南距北部湾与孟加拉湾都只有六七百公里，是夏季来自印度洋的西南季风和来自太平洋的东南季风交汇的地带[25]；因而在西双版纳地区的低山沟谷及低丘上，形成了热带湿润气候。

西双版纳地处北回归线以南、亚洲大陆向东南半岛过渡的地带，位于横断山脉纵谷区南端，属无量山和怒江山脉向南延伸的余脉，同时处在澜沧江大断裂带两侧，地貌结构比较复杂。西双版纳地区以山地及山原地貌为主，地势基本是周围高，中部低，在山地山原中间散布着平缓的宽谷盆地，在宽谷外围及盆地的四周环带状分布着丘陵和低山山地，最低点位于澜沧江与南腊河的交汇处，海拔 475 米，最高点在勐海县东部勐宋乡的滑竹梁子主峰，海拔 2429 米。

西双版纳地区具有多种与气候和植被类型相关的土壤类型。主要包括：600 ～ 1000 米为热带雨林、季雨林砖红壤带；1000 ～ 1600 米为季风常绿阔叶林赤红壤（砖红壤性红壤）带；1600 米以上是山地红壤带；还有一些地方间隔镶嵌分布岩性土（紫色土、石灰岩土）。砖红壤为热带北缘的地带性土壤，成土母质以紫红色砂岩、泥灰岩、砂砾岩、页岩等为主[25]。

西双版纳的气候属热带、亚热带西南季风气候，终年温暖湿润，冬无严

热带山地常绿阔叶林

热带季节性湿润林

四数木大板根

榕树支柱根形成的“独树成林”景观

木奶果“老茎结果”

“空中花园”

寒、夏无酷暑，无四季之分，但干湿季分明。湿季从5月至10月，此时西南季风为西双版纳带来了充沛的降雨，年降水量为1193.7～2491.5毫米，雨季降水量占全年85%以上。干季从当年11月到次年4月，降水明显减少，不过多有浓雾，弥补了降水不足。西双版纳日温差大，年温差小，静风少寒，基本无霜，年平均温度为15.1～21.7℃，10℃及以上的年积温为5401～8009℃；光照条件较好，年均总日照时长可达2400小时[26]。由于受地形地貌的影响，气候垂直变化明显。海拔800米以下的河谷、盆地及低丘地带为北热带季风气候，海拔800米以上的山地为南亚热带季风气候[25]。

西双版纳处于热带、亚热带过渡区域，属于热带北缘，具有东南亚类型的热带雨林，植被以热带森林和亚热带森林为主[25,27]。全州森林面积154.85万公顷，覆盖率达到80.79%，分布有我国最大的热带森林，主要包括热带雨林、热带季节性湿润林、热带季雨林、热带山地常绿阔叶林四个主要植被类型[25,27]。热带季节性雨林和热带季雨林为低海拔分布的水平地带性植被。在热带季节性雨林和热带季雨林之上，酸性土山上主要分布有热带山地常绿阔叶林，受局部地形影响而较湿润的生境中分布有热带山地雨林，石灰岩山生境中分布有热带季节性湿润林[28-29]。因此，在这片神奇的土地上，各种植被类型交错镶嵌分布，形成我国最宝贵的森林类型之一。热带雨林是地球上最为繁茂的森林，最大的特点就是物种组成极为丰富，物种之间关系多样化，群落内层次结构复杂，生物生长繁育的季节性差异小[28-29]。热带雨林中的植物物种千姿百态，有高大的板根植物、粗壮的木质藤本、密集的附生植物、茎干上开花结果的茎花茎果植物……呈现出诸如“大板根”“独树成林”“绞杀”“老茎生花”“藤蔓交缠”“空中花园”等神奇景观。

2.2 西双版纳的植物多样性

西双版纳属于横断山脉的余脉，整个地区海拔高差可达 2000 米，是热带东南亚向温带亚洲过渡的生态交错带，泛北极植物区系和古热带植物区系在这里混合交融，被认为是我国热带生态系统保存最完整的地区，也是中国生物多样性最为丰富的区域之一，拥有我国 16% 的高等植物类型[30]。西双版纳地区属北回归线以南的热带湿润区，热量丰富，雨量充沛，长夏无冬，昼夜温差大，十分有利于植物生长，因此在这块土地上，森林繁茂，植物繁多。

西双版纳的热带雨林是在漫长的地球演化中逐渐形成的。远古时代，西双版纳还是一片大海，在中生代三叠纪早期，西双版纳和滇西丘陵形成[31]。到第三纪早期，喜马拉雅造山运动爆发，西双版纳地区地壳在间歇性上升隆起过程中，逐步形成现代的地貌和季风气候[25]。在白垩纪晚期到早第三纪早期炎热干燥的气候条件下，西双版纳形成了亚热带山地常绿阔叶林[32]。直到喜马拉雅山脉持续隆升，形成西南季风气候，带来了充沛的水分，才形成如今珍稀和特有物种极为丰富的热带雨林植被[25]，成为中国乃至世界上重要的生物多样性热点区域。西双版纳的热带雨林位于北纬 21 ～ 22 度之间，离赤道较远，与海洋也相距甚远。相比东南亚典型的热带雨林，这里水热条件不足，是边缘化的热带雨林，却是中国现存的面积最大、生态系统最为完整的热带雨林地区[33]。这里分布有高等植物约 5000 种，其中 340 种以上属于珍稀、孑遗种类，包括蕨类植物 2 种、裸子植物 5 种、被子植物 334 种，共计 92 科 127 属，其中望天树（*Parashorea chinensis*）、版纳青梅（*Vatica xishuangbannaensis*）、美登木（*Maytenus hookeri*）、云南肉豆蔻（*Myristica yunnanensis*）等都是具有典型热带特色的珍稀植物[34-35]。西双版纳有脊椎动物 762 种，约占全国的 1/4，包括哺乳动物 108 种，鱼类 100 种；无脊椎动物3000多种，鸟类427种，是我国的“天然动物园”，分布有野象、野牛、绿孔雀、印支虎、白颊长臂猿等珍稀动物[36-40]。因此，西双版纳享有动植物“天然种质资源基因库”的美誉，被列为全球25个优先重点保护的生物多样性热点区域之一[41-42]。

西双版纳的土地面积仅占全国总面积的约1/500，但是植物物种极为丰富，不仅在种类上占优势，同时也是我国热带、亚热带植物种群的代表[43-45]。西双版纳分布有高等植物约5000种，占云南省高等植物种类的1/3、全国高等植物种类的1/6[34]。热带雨林拥有世界上生物多样性最丰富的生态系统，西双版纳因孕育丰富的生物资源而成为中国动植物王国的王冠，被称为“北回归线上的绿洲”。马来西亚被认为是亚洲植物种类最丰富的地区之一，拥有种子植物7900种，西双版纳的面积仅为马来西亚的1/16，却拥有种子植物4152种，可见西双版纳是世界上少有的植物物种密集的地区[46-47]。在西双版纳1公顷的热带雨林中，胸径大于10厘米的树种多达120种[46]。西双版纳热带雨林平均每公顷的生物量为46,284吨，高于泰国、哥斯达黎加、巴拿马、加纳、委内瑞拉等国热带雨林的生物量，也高于海南岛低地雨林的生物量[46]。西双版纳热带雨林分布的最高树种望天树，高可达70米，比典型的东南亚热带雨林分布的望天树还要高，也是西双版纳热带雨林生产力高的表现之一[46]。

热带雨林中分布的植物大家庭有其独特的风格，龙脑香科、樟科、大戟科、无患子科、楝科、桑科、壳斗科、藤黄科、茶茱萸科、肉豆蔻科等为热带雨林重要的组成成分。它们中的一些代表成员集聚成群，散落在热带雨林各处，形成了千果榄仁（*Terminalia myriocarpa*）林、番龙眼（*Pometia pinnata*）林、望天树林等群落类型。龙脑香科植物主要分布在热带亚洲，是热带雨林的标志性物种。我国林业考察队于1974年在勐腊县调查到龙脑香科植物望天树野生居群的存在，西双版纳具有真正东南亚类型的热带雨林这一事实才在国际上被普遍接受[25]。龙脑香科有些种类已濒临灭绝，分布于我国的该科十几种植物几乎都被列为国家级珍稀濒危保护植物，例如望天树、东京龙脑香（*Dipterocarpus retusus*）、版纳青梅、坡垒（*Hopea hainanensis*）、狭叶坡垒（*Hopea chinensis*）等都是国家一级保护植物[48]。

竹子是西双版纳种子植物中的一大家族。西双版纳是我国竹子种类最丰富的地区。竹子属于禾本科的竹亚科，全世界约70余属1000多种，其中80%分布于亚洲。热带亚洲是世界竹类的分化中心和现代分布中心[49]。西双版纳的野生竹类多达14属44种[47,50-51]，是我国的“热带竹类资源宝库”。当地分布的竹子以大型丛生竹为主，属于竹类家族中的巨人国。以“龙”

竹编用具

和“巨”命名的龙竹属（*Dendrocalamus*，也称牡竹属）和巨竹属（*Gigantochloa*）都是大型丛生竹类。被称为“巨竹”的歪脚龙竹（*D. sinicus*）是目前世界上记载的最高大的竹子，高可达 20 ～ 30 米，秆粗可达 15 ～ 30 厘米，秆壁厚度可达 3 厘米，与乔木无异。牡竹属植物全世界约有 40 种，西双版纳就分布有 14 种，是当地利用最为广泛的竹类。此外，西双版纳还分布有较为稀少的野生藤本状和攀缘状的竹子，如梨藤竹属（*Melocalamus*）。

在西双版纳，无论是房前屋后，还是茫茫林海，都少不了竹子的身影。澜沧江两岸和低山河谷地带有大面积的天然竹林，竹林面积达 99,100 公顷，是我国天然竹林分布面积最大的地区[25]。竹子形成天然分布的单优势竹林群落或竹木混交林群落，是西双版纳森林植被的重要组成部分。以黄竹（*D. membranaceus*）为优势种的黄竹林最为常见，其次还有野龙竹（*D. hamiltonii*）林、香糯竹（*Cephalostachyum pergracile*）林、泰竹（*Thyrsostachys siamensis*）林等[25]。

竹子是西双版纳地区用途最广的自然资源，与当地人民的衣食住行息息相关[52-53]。傣家竹楼是西双版纳傣族建筑的一大特色。当地竹子种类繁多，竹材质地多样，因此建造竹楼所使用的竹子都是经过缜密的设计和挑选的。例如竹楼的柱子和梁选用粗秆的龙竹（*D. giganteus*）和歪脚龙竹等；竹楼板和竹墙壁选择坚硬、防蛀防腐性能好的黄竹、小叶龙竹（*D. barbatus*）、车筒竹（*Bambusa sinospinosa*）等[54]。而傣族人家所用的日常器具几乎都是竹制品：粗大的竹筒可制作成水桶；碗口粗的竹筒则直接成了“腌菜坛子”，用来制作腌鱼、腌菜；坚硬的竹节可制作竹盆、竹碗；竹子削成篾片，编制成鱼篓、背篓、桌子、椅子等各种生活用具。

竹笋作为人们钟爱的菜蔬，是制作多种美食的高档食材，在我国有着悠久的食用历史。《诗经》中就有“其蔌伊何？唯笋及蒲”的诗句，民间亦有“素食第一

竹制器皿

榕树支柱根

榕树的“绞杀”

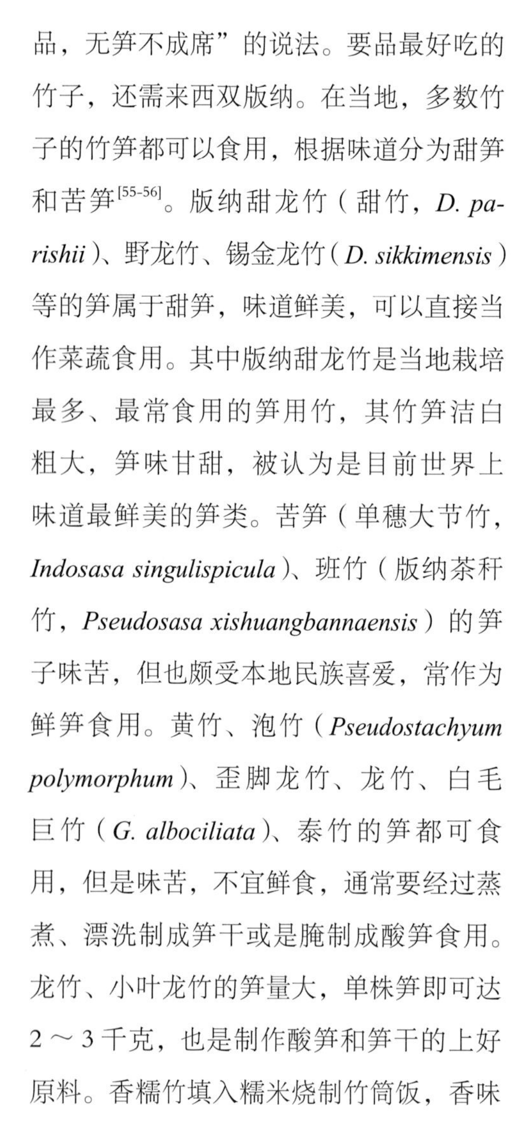

品，无笋不成席”的说法。要品最好吃的竹子，还需来西双版纳。在当地，多数竹子的竹笋都可以食用，根据味道分为甜笋和苦笋[55-56]。版纳甜龙竹（甜竹，*D. parishii*）、野龙竹、锡金龙竹（*D. sikkimensis*）等的笋属于甜笋，味道鲜美，可以直接当作菜蔬食用。其中版纳甜龙竹是当地栽培最多、最常食用的笋用竹，其竹笋洁白粗大，笋味甘甜，被认为是目前世界上味道最鲜美的笋类。苦笋（单穗大节竹，*Indosasa singulispicula*）、班竹（版纳茶秆竹，*Pseudosasa xishuangbannaensis*）的笋子味苦，但也颇受本地民族喜爱，常作为鲜笋食用。黄竹、泡竹（*Pseudostachyum polymorphum*）、歪脚龙竹、龙竹、白毛巨竹（*G. albociliata*）、泰竹的笋都可食用，但是味苦，不宜鲜食，通常要经过蒸煮、漂洗制成笋干或是腌制成酸笋食用。龙竹、小叶龙竹的笋量大，单株笋即可达2～3千克，也是制作酸笋和笋干的上好原料。香糯竹填入糯米烧制竹筒饭，香味浓郁，松软可口。

此外，西双版纳还有一种极具地方特色的树，就是榕树。榕树是桑科榕属（*Ficus*）植物的总称，是热带雨林的关键物种[57]，也是热带民族文化的标志性物种[58]，在热带雨林的“老茎生花”“独树成林”“绞杀”“大板根”等奇特景观中都扮演了主角。榕树的“老茎生花”也可称为老茎生果，因为榕树的花实际上为隐头花序，小花都藏在里面了，从外观看似果而非花，成熟时即“无花果”，是森林中许多动物的食物来源。榕树的“独树成林”和“绞杀”在热带丛林中颇为壮观。独树成林，顾名思义，一棵树就相当于一片树林。这个说法绝不夸张，这是由于榕树的生长非常快，不仅往高处长，同时在枝干上长出很多支柱根，支撑着树冠向四周辐射，冠幅极为宽大，有遮天蔽日之势。这些可独树成林的榕树在雨林中占据了大乔木层的位置，包括聚果榕（*F. racemosa*）、高山榕（*F. altissima*）、大青树（*F.*

hookeriana）等。动物世界弱肉强食的残杀是普遍现象，植物世界也有互相残杀的现象，而且更为旷日持久，效果惊人。这种表面看似平静、不带“血腥味”的残杀，就是发生在热带雨林中的“绞杀”。在亚洲热带丛林中，具有绞杀能力的几乎只有榕树，即绞杀榕（strangler figs），如高山榕、垂叶榕（*F. benjamina*）、钝叶榕（*F. curtips*）、斜叶榕（*F. tinctoria* subsp. *gibbosa*）等。它们的果实常被鸟类啄食，没有被消化的种子随着鸟粪到处传播，落在树干上（最常见于棕榈树），一旦发芽就会长出气生根，一直向下生长，直到在泥土中扎根。气生根就如同巨蟒一般，经年累月逐渐把寄主植物缠绕致死，绞杀榕即可占领这一生态位，成为独霸一方的参天大树。

榕属植物广泛分布于热带、亚热带地区，亚洲尤多。我国有野生榕属植物97种，仅西双版纳就占65种[47]，另外还从外地引种栽培20多种[59]。榕树是热带雨林中的关键树种，由其构成的种类最多、个体最大的木本植物类群，占据了热带雨林的各个角落：大乔木层有聚果榕、高山榕、大青树等；小乔木层有鸡嗉子榕（*F. semicordata*）、金毛榕（*F. fulva*）、木瓜榕（大果榕，*F. auriculata*）等；灌木层有粗叶榕（*F. hirta*）、石榕（*F. abelii*）、肉托榕（*F. squamosa*）等；藤本层有藤榕（*F. hederacea*）、褐叶榕（*F. pubigera*）等[60]。

榕树也是热带民族文化的标志性物种，西双版纳各民族的文化生活都离不开它。在西双版纳，榕树可以说无处不在，不论是雨林、石山，还是村寨、城市、郊区、路边，甚至是石头缝中，都可以见到

傣族村落中的大青树

榕树。傣族村寨都喜植榕树，村民一般称之为“大青树”。榕树树形极为壮观，高大的树冠和壮实的支柱根形成绿树成荫的庭园景观，非常适合作为景观树栽种在村落里。有些榕树，尤其菩提树（*F. religiosa*），在佛教的寓意中，是佛祖的“成道树”，因此成为傣族人民的保护神，在傣族村寨里都有栽培。西双版纳的寺庙里更是少不了榕树，一些榕树的树龄已高达四五百年，被奉为神树。

对西双版纳的少数民族来说，榕树还是重要的食物来源，有16种榕树的嫩芽、嫩叶可作为木本野生蔬菜食用。木瓜榕、聚果榕、苹果榕（*F. oligodon*）、厚皮榕（*F. callosa*）、白肉榕（大甜菜，*F. vasculosa*）、黄葛树（酸苞菜，*F. virens*）是当地较为常见的野生蔬菜，在少数民族庭园中广为栽培[58,61]。木瓜榕中含有丰富的硒、铁、碘、钼等微量元素，黄葛树的蛋白质和维生素C含量较高，白肉榕口感稍甜，维生素B_1含量较高[62]。另外，至少有8种榕树的果实可作为水果食用，例如木瓜榕、鸡嗉子榕、聚果榕和苹果榕等。它们的果实（聚花果）酸度较低，膳食纤维和维生素含量较高，入口甜糯多汁，是美味的水果[58]。在傣医药中，有20余种榕树的根、叶、树皮、树浆等可入药，大多具有清热解毒、祛风化湿、舒经活络、通利乳汁的功效，对热带、亚热带地区的一些常见病，如发热、腹泻、瘙痒、便血和疥疮等，有很好的疗效[58,63]。金毛榕、对叶榕（*F. hispida*）、鸡嗉子榕、斜叶榕等多种榕树的嫩枝叶被少数民族用作喂养家畜的优良饲料[58]。

第三章

西双版纳的味道：多民族的饮食文化

饮食文化是民族传统文化中一个重要的方面。在民族文化的传承中，一个地区或民族饮食文化的形成受地理环境影响最大。气候和自然环境是人们选择饮食原材料的重要决定因素。西双版纳自然环境的复杂性以及气候条件的优越性孕育了种类繁多的动植物资源，为当地形成多样的食物来源和丰富的饮食文化提供了先决条件。西双版纳还是一个多民族聚居地，与缅甸和老挝接壤，邻近泰国、越南和柬埔寨，由此形成了多民族、多国度的饮食文化的结合体，并且具有鲜明的热带、亚热带饮食文化特点。13个世居的民族在与大自然和谐相处的过程中，发掘出各种各样的食物资源，创造了丰富的民族饮食文化。在西双版纳传统的饮食文化中，食物来源除了栽培种植的谷物果蔬和养殖的猪鸡牛羊等之外，山野之中自然生长的树木花草也在餐桌上占据了重要位置。野生蔬菜是西双版纳传统饮食文化重要的组成部分，并成为地方民族菜系的主要特色。西双版纳少数民族用自己的勤劳和智慧创造了异彩纷呈的饮食文化。他们对当地丰饶的野生蔬菜资源的利用可用“多样”来概括，主要表现在口味多样化、食材多样化和烹饪手法多样化。

西双版纳少数民族喜食野菜，尤其是当地人口最多的傣族，对野生蔬菜的利用达到了极致而且别具特色，可以作为当地饮食文化的代表。因此有“自古傣家不缺菜，森林处处有野菜”“凡绿就是菜，凡花即可食”的谚语流传。傣家餐桌上品种繁多的食材正是该地区丰富的生物多样性的写照。据说，傣族人民多健康、长寿，少女

赶摆的傣族

轻盈、苗条，与他们多吃野菜，尤其是采食多种野生树木的嫩枝叶和花朵有关[58,64]。

3.1 酸甜苦辣香，“五味杂陈”

西双版纳的傣族喜好酸、苦、冷、辣等“重口味”，这与当地的地理环境、气候特点、物产资源以及人的生理需要等多种因素有关[65]。炎热潮湿的气候条件下，生冷食物宜食，苦味食物清凉，酸味食物爽口开胃，辛辣口味的菜肴有助于祛风除湿。

嗜“酸”，是西双版纳傣族饮食文化的主旋律之一。有别于粮食发酵产物“醋”的酸，傣味的酸常来源于山野中各种植物自带的天然酸味。很多带酸味的野生植物备受傣家人的青睐，无论是主菜、佐餐小菜或是蘸料、调料都离不开酸。夹竹桃科酸叶胶藤的茎叶、豆科藤金合欢（*Acacia concinna*）或酸角（*Tamarindus indica*）的嫩尖，在煮鱼等腥味食物时，随手摘来一把，放入汤中同煮，既能去除腥味，又能将其天然的酸味融入到食物中，酸鲜可口。食果类的酸味植物也很丰富，槟榔青（*Spondias pinnata*）俗称“噶利勒”，果实味酸涩，是傣族制作传统“喃咪”（傣语，即常说的蘸水）的重要原料。毛车藤俗称“酸扁果”，果肉味道较酸，舂碎后可制成各种酸爽开胃的特色凉拌小吃。羊排果（云南水壶藤，*Urceola tournieri*）、酸叶胶藤（细羊排）、酸移�（云南移栋，*Docynia delavayi*）的果实可直接蘸盐巴辣子面食用，开胃提神。一些常见的酸味水果——柠檬、西番莲（鸡蛋果，*Passiflora edulis*）、酸木瓜（*Chaenomeles speciosa*）等也频繁出现在傣族菜肴中，如柠檬凉拌鸡、西番莲煮鱼、酸木瓜煮鱼、酸木瓜煮鸡等。除了这些天然的酸味植物之外，傣家腌菜也以酸见长。天气炎热，食物很容易腐败，腌酸食用，能延长食物的保存期，而且让食物有了特别的风味。在其他地方，青菜、萝卜或辣椒等为常见的腌制食材，而在嗜酸的傣族人的餐桌上，

傣家宴席

景洪夜市摊上的各种野菜

许多野生蔬菜都可以腌酸后食用，如木瓜榕果实、白嫩的芭蕉叶、树番茄（*Cyphomandra betacea*）果实、酸叶胶藤嫩果、刺芋（刺菜，*Lasia spinosa*）等。其中最具特色的当数腌酸笋、腌树头菜。腌制发酵的酸味加上野菜独有的味道，使得这些酸菜别具风味。以酸笋、酸树头菜配以鸡鱼同煮，味道酸鲜可口。傣族甚至把鲜采的茶叶（*Camellia sinensis* var. *assamica*）放入竹筒中腌酸食用，别具一番滋味。

野生蔬菜的甜，实际上多来自于植物中含有的甜味和鲜味氨基酸，是味蕾感受到的食材的鲜甜。竹笋是最为鲜甜的野菜。版纳甜龙竹、野龙竹等，较江南出产的鲜笋味道要更为鲜美。柔嫩白润的芭蕉心做菜甜嫩可口。大戟科的守宫木和葫芦科的红瓜（*Coccinia grandis*）在当地分别叫作“甜菜”和“甜藤”，其幼嫩茎尖清炒或做成蔬菜汤均美味可口。榕属植物白肉榕又名大甜菜，其嫩茎叶口感柔嫩，略带甜味，炒食或做汤皆可。夹竹桃科翅果藤（*Myriopteron extensum*）果实中提炼出来的化合物，甜度比蔗糖高出数十倍，将来或许可成为一种更安全、低热量的天然甜味剂[66]。

酸羊排果

版纳甜龙竹炖鸡

食“苦”，是傣族饮食的又一大特色。炎炎夏日，苦味植物最能清热解暑。热带雨林孕育了种类繁多的苦味植物，刷新了人类对苦味的认识。这些植物既是菜蔬，又有食疗作用，可称之为药食两用植物。茄科茄属植物中苦味野菜种数最多。例如，田间地头常见的苦凉菜，是傣族常食的苦味植物之一，其嫩茎叶做汤或炒食，味道微苦回甘，具清凉散热之功效；苦子果生食或油炸，味苦而清热明目；刺天茄（*Solanum violaceum*）的果实、旋花茄（*Solanum spirale*）的叶片，味道极苦，食用有清热解毒、消炎利湿的功效。其次是紫葳科的植物，如海船（木蝴蝶，*Oroxylum indicum*）的嫩果和鲜花可食，味道极苦，其种子是制备凉茶必备的药材之一；火烧花（缅木，*Mayodendron igneum*）是春季最常见的苦味食花植物；西南猫尾

苦笋

木（*Markhamia stipulata*）的鲜花和幼嫩果实可食，具有清热解毒、凉血散血的作用。苦笋也是备受青睐的苦味蔬菜，如单穗大节竹、版纳茶秆竹等，煮熟以后蘸“喃咪”食用，笋味甘苦清凉，具有较好的药用、保健价值。此外，苦味植物中别具特色的还有萝藦科的苦藤（南山藤，*Dregea volubilis*），其嫩茎尖或花朵炒食，口感苦脆、鲜嫩清香，具利尿、除湿等功效。五加科的刺五加，嫩茎尖凉拌或炒食，味道清苦，苦后回甘，是滇南地区各民族最常食的野菜之一，也是节日必备的生食野菜，可帮助消化肉类食品，有益身体健康。

嗜“辣”，是傣族饮食的另一大特色。炎热潮湿气候下，吃辣可以促进食欲，加速血液循环，祛风除湿。傣族尤其喜欢用新鲜的小米辣做菜。傣味烧烤、包蒸、蘸水和蘸酱都不能没有辣味，可以说是无辣不欢。蓼科的辣蓼、唇形科的荆芥（罗勒，*Ocimum basilicum*）、姜科的红豆蔻（大高良姜，*Alpinia galanga*）等，除了作为香味调料，还是天然的辛辣味佐料。

“香”是傣味美食的特色招牌，傣味的香不仅来自烹调方式，还来自使用的多种佐料，尤其是当地所产的一些特色香料植物[67]。最具代表性的当数禾本科的香茅草（*Cymbopogon citratus*）。香茅草在傣族庭园常有栽培，傣族的特色美食香茅草烤鸡、烤鱼或烤肉，就是用其捆绑住烧烤的肉类，再辅以其他佐料一起在炭火上烤熟，其独特的清香不仅能去除肉类的腥味，咬到嘴里满口生香，还能增强食欲。唇形科的水香菜，在小溪或湿润处成丛野生，嫩茎叶蘸喃咪生食，清香可口，是特

香茅草烤鸡

臭菜及臭菜煎蛋

色傣味最主要的香料植物之一。伞形科的大芫荽、蓼科的辣蓼，二者在各式傣味蘸水调料中不可缺少，煮肉汤时适量放入，去腥增香。玄参科水八角（大叶石龙尾，*Limnophila rugosa*）的叶子、木兰科山八角（香子含笑，*Michelia hypolampra*）的果实有浓厚的八角气味，是傣族和基诺族常用的香料植物。樟科的木姜子（山鸡椒，*Litsea cubeba*）鲜果味道芳香，木姜子煮鱼、木姜子火锅等别有风味。此外还有竹叶花椒（*Zanthoxylum armatum*）的椒香、麻欠（毛大叶臭花椒，*Zanthoxylum myriacanthum* var. *pubescens*）果实的柠檬香、珍稀民族香料植物麻根（*Piper magen*）藤茎的异香等，不一而足。

“臭味”植物其实是闻着臭（异味），吃着香。最具特色的当数臭菜，其嫩茎尖富含硫化合物，具有强烈气味，为傣族喜食之佳肴。臭菜营养丰富，是西双版纳等地最具特色的木本野生蔬菜。臭菜煎蛋是傣味美食的代表菜品之一，真可谓“臭名”远扬。赤苍藤（*Erythropalum scandens*）的嫩茎叶也有一种“臭味”，当地人称大叶臭菜，用来炒食或做汤，味道鲜美。蕺菜，俗名鱼腥草，入口有鱼腥味，其特殊的味道往往让初食者浅尝辄止，喜食者欲罢不能。唇形科的赪桐（红花臭牡丹，*Clerodendrum japonicum*）、腺茉莉（臭牡丹，*Clerodendrum colebrookianum*）等食材都有一种“臭味”，大多数人初次食用会有不适，但吃过几次后也许就喜欢上这种特别的味道了。

味道酸咸的盐巴果（盐麸木）

咸味植物的代表是盐麸木（盐巴果，*Rhus chinensis*），生食酸咸止渴。直到今天，虽然食盐已经是一种再普通不过的平价食品，盐麸木仍不时出现在本地人的餐桌上。其果实舂碎后用在凉拌菜或包烧中，既能增添咸味，又有天然的酸味，西双版纳基诺族、哈尼族的爱伲人尤爱食用，是天然的酸咸味食物。

3.2 春夏秋冬季，时时采摘生鲜不停

北宋诗人黄庭坚有诗云“竹笋初生黄犊角，蕨芽已作小儿拳。试挑野菜炊香饭，便是江南二月天”，说出了江南二月是吃野菜最好的季节。殊不知在云南的西双版纳，月月时时都是吃野菜的好时候。

西双版纳得天独厚的地理位置、优越的水热条件孕育了丰富的物种多样性。该地区终年温暖湿润，长夏无冬，干湿季分

勐仑城子集市一角

明，一年到头蔬果不断。顺应季节，食用正当时令的蔬菜，是当地民族从大自然中获取野生蔬菜所遵循的基本规则。春节前后至 4 月中旬的泼水节，正值西双版纳的旱季，降水稀少，气温一日高似一日，空气中涌动着热浪。此时，各种食花植物纷纷开放，如火烧花、老白花、多花山壳骨（*Pseuderanthemum polyanthum*）、云南石梓（酸树，*Gmelina arborea*）、木棉花等；竹亚科的各种苦味笋类纷纷破土而出，如苦笋、班竹等；榕树的嫩芽最为鲜嫩，如黄葛树、白肉榕、厚皮榕等。5 月，雨季开始，7、8 月降雨达到最多，漫长的雨季一直持续到 10 月。雨季高温高湿，植物生长旺盛，雨林郁郁葱葱，常见的野菜有版纳甜龙竹、苦藤、广东匙羹藤（*Gymnema inodorum*）、甜菜、圆瓣姜（*Zingiber orbiculatum*）等，其中以食果类植物居多，如噶利勒、橄榄（青果，*Canarium album*）、酸扁果、山苦瓜、羊排果等。有的植物则一年四季均生长旺盛，美味随时可采，如芭蕉（*Musa* spp.）花、甜藤、苦子果、假蒟（荜拨菜，*Piper sarmentosum*）、臭菜、木鳖子（*Momordica cochinchinensis*）、大芫荽等。

3.3 烤蒸舂腌剁，加工烹饪极致美味

西双版纳以傣族为代表的少数民族在利用野生食材的过程中创造了特殊而多样的加工和烹调方法。一种野生蔬菜吃什么部位，什么时候采集，怎么加工和烹饪，

都有一定方法和科学原理。这些经验和方法在民间口口相授，代代相传，从而创造了独具一格的传统饮食文化，形成了很多独特的风味食物。

新鲜采摘回来的野菜要经过细致的“择菜”和“去毒”过程。加工一部分野菜的第一步是去除有毒或口感不好的部位：大部分食花植物，要去除苞片、花萼、花药、雌雄蕊等部分，木棉花最为特殊，滇南地区只食用去除花药的雄蕊群；食果植物大部分只食用果肉部分，果皮和种子要去除，油渣果（*Hodgsonia heteroclita*）则只食果仁。一部分野菜可直接生食，如水香菜、鱼腥草、刺五加、大芫荽、辣蓼、噶利勒等。大部分野菜还要焯水、汆烫，有的则需进一步用清水漂洗，以去除毒素、苦味或涩味后再烹饪，如火烧花、大花田菁（*Sesbania grandiflora*）、木棉花、金荞麦（野荞麦，*Fagopyrum dibotrys*）等。还有的野菜需要采用更复杂的加工和处理方式：芭蕉花要去除老的苞片，比较讲究的还要去除每朵小花的花柱，切碎后用盐巴反复揉搓，清水漂洗后去除涩味才可加工食用；云南石梓花则要先晒干、捣碎，再掺进糯米面中，蒸制成傣家年糕“毫罗索”。

对食材的进一步加工和烹调，除了普通的煎、炸、炖、煮之外，傣族较有特色的烹饪方式还有烤（包烧）、蒸（包蒸）、舂、腌、剁生等。其中以包烧、包蒸的烹制手法别具特色。傣族人民在野外劳作常常是早出晚归，会随身携带蒸熟的糯米饭、盐巴辣椒等作为午餐。佐餐的野菜大多随手采集，烹制时包裹食材的材料也大多就地取材。一些叶大质韧的植物叶片成了最佳选择，如芭蕉叶、柊叶（*Phrynium rheedei*）、毛桐叶（*Mallotus barbatus*）、木瓜榕叶，都可以用来包裹食材，在炭火上将食物烤熟。久而久之，形成了傣族别具特色的包烧。包烧能锁住食物的水分和味道，而且很好地保留了食物的营养，经过炭火慢烤，食材也形成了独特的风味。

“竹筒饭”是傣味特色美食之一，其

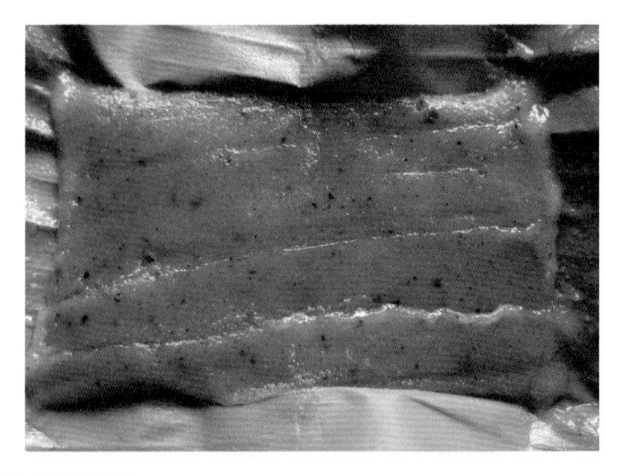

云南石梓花及“毫罗索”

毛桐叶包烧

芭蕉叶包烧

制作手法也类似包烧。傣族常用香糯竹制作竹筒饭，因此香糯竹又称糯米饭竹。其竹节长约30厘米，直径约6厘米，内膜白色清香，最适宜加工竹筒饭。将泡好的糯米、花生等食材填入竹筒中，炭火慢慢烤熟，剥去竹皮，软糯的米饭被竹子的白色内膜紧紧裹住，食用起来清甜并带有竹香。香糯竹特有的香竹黄酮还具有抗衰老、美容养颜等自然保健功效[68]。

“剁生”，就是把生的食材剁碎食用的意思。剁生的主料不是能直接生食的食物，而是各种新鲜的肉食，包括猪肉、牛肉、鱼等。剁生的做法是取一小块瘦肉，用铁锤锤打或用刀及刀背剁烂，加入切碎的各种芳香野生蔬菜，如大芫荽、辣蓼等，混合搅拌成泥糊状。剁生的风味取决于各式辅料的配制，调料种类越多，与生肉结合所形成的独特刺激性味道越强，则风味越佳。剁生并不作为主菜食用，而是作为鲜蔬和糯米饭团的蘸料。此外，傣族还有另一款极负盛名的“素剁生”，傣语称为“喃咪”。在傣族的餐桌上，可以没有肉食，但不可没有喃咪[65]。其制作方法与剁生相似，只是

“剁生”

“喃咪”

主料换成了蔬菜而非肉类。喃咪通常选取当地产的一些别具风味的野生蔬菜为主料，如噶利勒、青果、树番茄、酸笋末等，辅料则除了常规的佐料葱、姜、蒜、芫荽、小米辣、薄荷等，还有当地特色香料植物大芫荽、香茅草、辣蓼、水八角、竹叶花椒、木姜子等。傣族的喃咪品种多样，让人眼花缭乱。讲究的傣味，不同的菜品蘸不同的喃咪。比较有特色的喃咪有“喃咪麻黑松”（番茄酱）、“喃咪麻个”（噶利勒酱）、“喃咪偌”（竹笋酱）、“喃咪麻批”（辣子酱）等。适于蘸食喃咪的食材多样，有炸肉皮、糯米饭、豆角、笋子、芭蕉花、水香菜、水芹（野芹菜，*Oenanthe javanica*）、野茄子、海船等。傣族的喃咪因为加入了本地特色野菜而尤具特色。西双版纳夏季漫长，气候湿热。炎炎夏日，花样繁多的喃咪赋予食材各种特殊的风味，让人胃口大开，给人以视觉和味觉的多重享受。

3.4 异彩纷呈，食花文化

屈原有诗云“朝饮木兰之坠露兮，夕餐秋菊之落英”，意为早上喝花上的露水，晚上吃菊花，描绘了极为浪漫的文人生活。生活在西双版纳的少数民族不仅爱花，同时也将多种美丽的花儿当作餐食，过着大诗人屈原所追求的浪漫生活。我国食用花卉的历史悠久，但总的说来，我国大部分地区食用的花卉种类和数量还是不多，而且食花植物多源于栽培植物。最常见的是十字花科的甘蓝（*Brassica oleracea*）类的花，即我们熟知的花椰菜、青花菜。此外，菊花、黄花菜、木槿、槐花、韭菜花、南瓜花等也是比较常见的食花类栽培蔬菜。

食花可强身健体和延年益寿，西双版纳的傣族、哈尼族、基诺族等一直传承着古老的食花习俗，他们食花的历史悠久，几乎达到“百花皆可食用”的程度。食花已经成为当地少数民族传统文化的一部分，是人们适应生态环境的结果。著名民族植物学家裴盛基认为，食花现象体现人类行为模式，若食花文化普遍存在于某个民族之中，食花便是其民族传统文化的一部分[69]。我国食用花卉较多的人群主要集中在少数民族，特别是云南的少数民族。据初步统计，云南各民族食用的花卉有300多种，西双版纳地区各民族食用的花卉多

木棉花

菜市场多样的食花植物

达 40 多种[7]。这些野生食花植物种类繁多、花色各异：鼓槌石斛（*Dendrobium chrysotoxum*）花颜色金黄；苦藤花是一束束绿色精灵般的精致小花；九翅豆蔻（*Amomum maximum*）洁白的花序似女王佩戴的王冠；木棉花、火烧花、赪桐花等具有艳丽斑斓的色彩……

西双版纳四季花开，一年四季都有不同种类的花可供采摘食用。当地的食花植物以 2 ～ 4 月干燥少雨的旱季最为丰富，如老白花、山牵牛（*Thunbergia grandiflora*）、多花山壳骨、火烧花、云南石梓、木棉花等；其次是高温多雨的雨季，如苦藤、赪桐、姜黄（*Curcuma longa*）、海船花等。而芭蕉花等食花植物的花期则无明显的季节限制，一年四季均可采食。当地的食花植物多为木本植物，木本植物的花量大，这也是当地少数民族选择食花的一大理由。高大的乔木在热带森林中占据最大的生物量，开花季节，“千朵万朵压枝低”“满城尽带黄金甲”都不足以形容热带乔木开花的繁茂景象。在西双版纳森林中分布广泛的老白花，为先花后叶的植

火烧花

蒸芭蕉花

炒老白花

物，2～4月的盛花时节，满树白花似山林间浮动的朵朵白云，是云南南部食花植物的典型代表之一。火烧花是热带雨林中典型的老茎生花植物，盛花时节，树干上密密匝匝开满橙黄色花朵，满树鲜花衬着墨黑的树干，似一簇簇橘红的火苗在燃烧，在苍翠的热带雨林中尤为醒目……

傣族、哈尼族、拉祜族、布朗族等最喜爱的还是芭蕉花。芭蕉花是当地食花文化的典型代表之一[70]。芭蕉花食用的实际上是芭蕉的花序，花序最外面是花苞片，层层的花苞片打开，基部才是可以结芭蕉果的小花。花苞片尚未展开的芭蕉花最宜食用，而且以小果野蕉（*Musa acuminata*）的花序味道最为鲜美。芭蕉花做成的美食不胜枚举，如素炒芭蕉花、芭蕉花炒肉、芭蕉花红烧肉等，还可以将芭蕉花用芭蕉叶包起来放到瓦罐里蒸或放在火上烤，做成包蒸或包烧芭蕉花，别有一番风味。

当地少数民族对这些色彩艳丽的鲜花有不同的食用方法。有的鲜花可生食，如鼓槌石斛花可直接生吃，红豆蔻的嫩花序舂碎后拌佐料生食等。大部分鲜花要先除去花萼、花蕊或花药，再用沸水焯一下，在冷水中浸泡，漂洗去掉毒素和涩味，再配以腊肉、鲜肉、鸡蛋等，或煎煮，或爆炒。豆豉炒火烧花、芭蕉花炒肉、苦藤花炒鸡蛋、老白花炖汤、赪桐花炖蛋、刺通草（*Trevesia palmata*）花蘸喃咪等都是西双版纳地区的特色花卉菜品。这些多姿多彩的鲜花，味道如何呢？美丽多姿的鲜花经过烹制之后失去了原先艳丽的色泽，却保留了独有的味道和口感，木棉花滋味滑爽，老白花微甜清香，火烧花性凉微苦，苦藤花苦中带甘……各种食用花卉含有氨基酸、抗氧化剂、矿物质、维生素等营养成分及膳食纤维，不仅风味独特，而且具有美容保健等功效。

3.5 健康养生，药食同源

西双版纳的药用植物资源十分丰富。

列入四大“南药”的槟榔（*Areca catechu*）、巴戟天（*Morinda officinalis*）、砂仁（*Amomum villosum*）、益智（*Alpinia oxyphylla*）在西双版纳地区广泛栽培且品质优良。“南方人参”绞股蓝（*Gynostemma pentaphyllum*）、“肾脏病良药”肾茶（*Clerodendranthus spicatus*）等傣药植物也为人们所熟知，栽培应用极为广泛。

傣药是傣族人民通过长期实践和应用总结出来的用于预防与治疗疾病的药物，多源于西双版纳本土植物。西双版纳各民族在传统上认为“食药同源”，从而发展出独特的医药知识。野生蔬菜通常具有药食两用的功能，各种野菜做成的菜肴，既是食物又可以防病治病。最常食用的刺五加，其嫩茎尖凉拌或炒食，有祛风除湿、舒筋活血、消肿解毒之功效。葫芦科的绞股蓝因含有人参皂苷成分而被誉为“南方人参”，其嫩茎叶炒食或做汤，有消炎解毒、止咳祛痰和提高机体免疫力的功效[7,71]。夹竹桃科的广东匙羹藤具有独特的降血糖、抗龋齿和抑制甜味反应等作用[72]。漆树科的槟榔青具有止泻、抗痢疾、抗风湿等功效，同时也具有抗氧化、抗衰老等作用[73]。葫芦科的红瓜，西双版纳傣医称之为“帕些”，意为“能消肿的菜”，具有清火解毒、除风止痒、润肠通便之功效[74]。芸香科的麻欠有祛风除湿、活血散瘀、消肿止痛等功效，是一种非常重要的民族医药[75]。

3.6 天然餐食用具，物尽其用环保安全

傣族是温和爱美的民族，千百年来，他们在与大自然和谐相处的过程中，养成了追求自然、古朴，注重节俭和生态环保的生活方式。在大量使用塑料制品、“白色”污染日益泛滥的今天，“天然、绿色、环保”的生活方式成了我们追求的目标，而傣族人民正是这种生活方式的绝佳践行者。在日常生活中，种类、用途多样的天然餐食用具随处可见。热带常见的一些野生植物成为人们生活中不可或缺的生活资源，在当地少数民族群众的生活和文化中扮演着重要的角色。

芭蕉、竹子、柊叶等野生植物在傣族人的生活中得到了完美的利用，成为人们日常生活离不开的天然餐食用具。其中最具代表性的，当数各种芭蕉的叶子。芭蕉属为多年生的高大草本植物，四季常绿，

芭蕉叶宴席

柊叶包制的傣家酸牛肉

香糯竹竹筒饭

是热带雨林中重要的植物家族，也是热带和亚热带森林的指示物种。全世界约有30种芭蕉属植物，我国原产8种，种类虽然不多，却是热带和亚热带地区重要的植物资源[70]。其中野生原产种小果野蕉是次生林的先锋物种，在热带雨林的恢复更新中占有很重要的生态位置。小果野蕉在西双版纳丛林中广泛分布，是大象最喜欢食用的植物之一。尚未萌出的芭蕉嫩叶卷成圆筒状，用手轻轻展开，柔白细嫩，与番茄等同炒，即可成为一道美食。长大的芭蕉叶不宜食用，但因叶子宽大、质地柔韧，在日常生活中，成了当地民间随手可取的天然烹饪器具。傣族饮食文化中的包烧、包蒸，就多以芭蕉叶将食材包起来烧烤或蒸制而成。芭蕉叶在傣族的饮食文化中承担着许多重要的功能，宽大的芭蕉叶铺在竹篾编的小桌上，就成了“餐布”；洗净的芭蕉叶分成几份，食材倒在上面，就成了“盘”；野炊或节日聚餐，人们将翠绿的芭蕉叶铺在地上，堆放各色美食，就成了饭席。傣族特色美食“毫罗索”也常常用芭蕉叶包裹制成。“毫罗索”相当于汉族的年糕。在西双版纳，傣族用罗索花（云南石梓）来做傣历新年“泼水节”的粑粑，傣语称“毫罗索”，是一种过年时家家户户都要吃的传统食物。在云南石梓的盛花期，人们采集大量的鲜花，晒干碾成粉末备用，过年时用此花粉末、糯米和红糖加工成粑粑。傣族人相信，食用“毫罗索”具有节日的喜庆内涵，能给新的一年带来吉祥[76]。

竹芋科的柊叶，为多年生丛生草本植物，具有形似小芭蕉叶的硕大叶片，气味清香，用来裹粽子，可数日不变味，具有清热、解暑、防腐的功能。因此，柊叶又称粑粑叶、粽子叶，用来制作成长达20厘米、重1斤多的巨大粽子。在西双版纳，柊叶除了用来裹粽，也用来制作“毫罗索”。西双版纳森林郁郁葱葱，芭蕉叶、柊叶终年常绿，食材随处可得。如今，作为傣味美食的代表之一，“毫罗索”并非只有节日才能吃到，而是一年四季均可品尝到的美食。

竹亚科的各种竹子，也常常用来作为盛放食物的天然器具，最具代表性的当数烧制竹筒饭所用的香糯竹。大部分竹子的竹节稍作加工，就可以成为天然器皿，或盛汤盛饭，或作为天然炊具，盛放食材在炭火上烤制。一些腌制食物，如腌酸鱼、酸肉、腌茶叶等，也大多用竹筒盛放腌制。傣族制作的竹筒茶尤为特别，将采摘的新鲜茶叶经过揉搓杀青、日晒或蒸熟后放入竹筒中，压实存放两三个月后再将茶叶取出来，泡茶或者加入香油或其他调料做成菜品，此时茶叶已经融入竹子的清香，风味独特。

傣族人民追求自然、注重节俭的特点也体现在一些生活细节中。木瓜榕、毛叶

竹筒腌酸鱼和凉拌野茄

桐等叶子宽大，傣族常用来包裹豆芽、豆腐等售卖，也可包裹食材进行包烧烹制，还可如同芭蕉叶、柊叶一样，作为节日聚餐盛放食物的“一次性餐具”。清晨的菜市场，人来人往，驻足于菜摊前，一眼望去，各色菜品码放整齐，一些成捆、成束售卖的食材，多用削得很细的竹篾捆扎，或从野外采摘来后直接用一些叶子细长、质地柔韧的禾草类植物的叶子捆扎，最大限度地减少了塑料制品的使用，生态又环保。

第四章

西双版纳特色野生蔬菜资源及可持续利用

西双版纳傣族的先民生活在热带丛林之中，他们与环境和谐相处，过着采撷植物和狩猎动物的生活。他们的祖先留下了“有林才有水，有水才有田，有田才有粮，有粮才有人”的遗训，森林是西双版纳傣族传统文化的根与源[77]。傣族人民的传统歌谣《充食歌》中有“挖树根，摘树叶，啃芦苇，吃芭蕉花，捞青苔嚼”，生动地表现出了傣族人民在日常生活中利用野菜资源的情形。随着生活水平的提高和健康意识的增强，人们对蔬菜品质和口感的要求在逐步改变，“有机、绿色和健康”成了蔬菜的新标准，野生蔬菜日益受到青睐，成为现代蔬菜开发的重要资源。

4.1 西双版纳传统野生蔬菜利用现状

传统上，西双版纳各民族很少栽培蔬菜，依靠野外采集和庭园中引种栽培的野生蔬菜，基本上就能满足日常生活所需。特别是生活在这里的傣族，对植物的认识和利用已经达到了相当高的水平。他们能利用当地 300 余种植物的根、茎、叶、花、果等作为食物[78]。近年来随着橡胶、香蕉、茶叶等经济作物的大面积种植，原始植被遭到人类的严重干扰和破坏，使得该地区的很多森林破碎化。但由于有适宜植物生长发育的水、热等有利条件，植被恢复十

捞青苔

橡胶林

分迅速，野生蔬菜资源仍然十分丰富。20世纪90年代后，随着人口快速增加，许多外省人来到当地种植蔬菜，带动了当地的蔬菜种植业，西双版纳逐渐成为蔬菜的输出地[79]。栽培蔬菜成为各民族餐桌上的主要食材。但是，由于物产的丰饶、历史传承和口味的偏好，当地各民族仍然对野生蔬菜情有独钟，野生蔬菜在他们日常生活中不可或缺。

居住在深山村寨的居民过着自给自足的生活，靠山吃山、靠水吃水，日常食用的蔬菜多采自周边森林和轮歇地，采集当季的野菜蔬果基本上就可满足一日三餐之需。这种野生植物资源利用方式是极为传统的。春夏季采食各种乔灌木的嫩叶嫩茎尖、各种花类、竹笋等，秋冬季采食各种果实、根茎类等。他们一年中食用的蔬菜种类丰富多彩，多达百种，比城市居民食用的栽培蔬菜要丰富得多。居住在城镇周边的居民在田间地头、轮歇地、附近山上采集来的野菜蔬果，除了自己食用之外，还可以拿到集市上出售。售卖的种类有各种竹笋、水蕨菜（*Diplazium esculentum*）、臭菜、芭蕉花、火烧花、老白花等。此外，少数民族的村落中几乎每家每户都有庭园，这是他们获取野生蔬菜的另一重要场所。少数民族的庭园是各种野生植物最初得到驯化栽培的基地——西双版纳傣族的庭园有上千年的历史，庭园种植的植物种类异常丰富，有近500种[7]，野生蔬菜是其中重要的组成部分。那些栽培容易、萌发力强、食用口味佳或有一定营养保健价值的野生蔬菜是庭园首选的栽培对象。如乔木类的海船、噶利勒、树头

傣家老式吊脚楼

傣家新式吊脚楼

菜等；灌木类的臭菜、刺五加、甜菜、旋花茄等；藤本类的酸叶胶藤、苦藤、木鳖子、白粉藤（*Cissus repens*）、广东匙羹藤等；草本类的香茅草、大芫荽、辣蓼等。另外，在庭园、村寨周边也栽种多种竹子，如烧制竹筒饭的香糯竹、笋味鲜美的版纳甜龙竹、歪脚龙竹等。近年来，随着人口增加和经济的发展，房屋越建越多、越建越大，新式豪华砖混结构的房屋渐渐取代了古朴的傣家竹楼，传统意义上的庭园正在逐渐消失。庭园也由住房周围（篱笆内）向村外经济种植园发展。许多村民在村子外的橡胶地、果园、鱼塘等建立了新的庭园。新的庭园中除了栽种经济作物和饲养动物，也引种了大量庭园传统植物，栽培日常所需的野生蔬菜、药材、水果等多种植物。

4.2 西双版纳特色野生蔬菜类型

人类栽培植物的历史悠久，从公元前10,000～前7000年农耕文化兴起，就有了蔬菜种植。栽培蔬菜主要集中在豆科、十字花科、葫芦科、茄科、百合科、菊科等19个科，其中豆科、十字花科和葫芦科的很多品种都是人们所熟知的。如菜豆、绿豆、豌豆等都属于豆科家族，萝卜、青菜、白菜等属于十字花科家族，南瓜、冬瓜、黄瓜、葫芦等属于葫芦科。到目前为止，世界范围内广泛种植的蔬菜有60多种。野生蔬菜具有栽培蔬菜无法比拟的物种多样性，我国的野生蔬菜多达1800余种，仅西双版纳地区就有近300种野生蔬菜[7]。栽培蔬菜为便于农业生产，多选育生长习性为一、二年生及多年生的草本植物。野生蔬菜具有更为丰富的生长类型，除了草本植物之外，还有乔木、灌木、藤本，其中大部分为多年生的木本植物。野生蔬菜在很大程度上扩充了人类可食用植物的来源，同时具有丰富的遗传多样性，是开发功能性食品、解决人类诸多健康问题的重要资源库。

西双版纳目前有据可查的近300种野生蔬菜，分属于88科205属[7]，包括桑科、芭蕉科、爵床科、夹竹桃科、橄榄科、葡萄科、天南星科、棕榈科、紫葳科、大戟科等主产热带的种类。多年生木本植物是西双版纳野生蔬菜的主要来源之一，如桑科、棕榈科、漆树科、紫葳科、五加科、芸香科中的多种植物。此外，西双版纳的野生蔬菜中也不乏栽培植物的野生种或近缘种，为珍贵的野生种质资源，如山苦瓜（*Momordica charantia*）是苦瓜的野生近缘种，野黄瓜（酸黄瓜，*Cucumis hystrix*）是黄瓜的野生近缘种，小果野蕉是香蕉的野生近缘种，等等。

西双版纳的少数民族对传统野生蔬菜的利用形式极其丰富多样，按食用部位可分为：块根（茎）类、茎叶类（嫩茎叶）、花类（花或花序）、果实类、竹笋类。蔬菜食用部位的多样性体现了人们对植物资源的可持续利用。

本书收录的108种特色野生蔬菜中，茎叶类的野菜占63.9%，共有69种，如臭菜、甜菜、广东匙羹藤、赤苍藤、木鳖子、滑板菜、多种榕树等。采摘嫩茎叶一般是在春夏季植物生长旺盛，开始发新枝的时候。不同植物的嫩茎叶风味各异，烹制方法也各有讲究：树头菜嫩尖适合腌成酸菜；臭菜煎鸡蛋已成为傣家名菜；木瓜榕、厚皮榕的嫩叶清炒或做汤，风味独特；假蒟的叶子包裹肉馅，用热油炸熟后，满口生香，更是难得的佳肴……采集植物的嫩茎尖通常不会对植物本身造成损伤，植株一般会重新萌发新枝叶，促进自然更新和可持续利用。

其次是果实类野菜，占26%，共有28种，如噶利勒、酸扁果、翅果藤、苦子果、野黄瓜、海船、羊排果等。其中以茄科植物最多，如苦子果、刺天茄、树番茄等。果实类蔬菜的食用方法也多种多样，如用噶利勒制作蘸水，酸扁果制作各式凉拌，大叶蒲葵（*Livistona saribus*）果实制成香甜可口的夹心馅等。对于果实类蔬菜，傣族非常注意优良果实的选种和留种，利于资源的可持续利用。

食花（花或花序）类野菜也很多，占21.3%，共有23种，如芭蕉花、火烧花、老白花、西南猫尾木、赪桐、山牵牛、多花山壳骨、云南石梓等。这些食花植物鲜艳多姿，滋味各异，既是当地人餐桌上一道绚丽的风景线，也是不可错过的美食体验。

4.3 西双版纳野生蔬菜资源的开发和可持续利用

近年来国内野生蔬菜的开发利用正成为新的热点，一些风味独特、备受大家喜爱的野生蔬菜，如荠菜、香椿、蒌蒿、臭菜等，已经开始大规模人工栽培。野生蔬菜生长在空气清新的丛林、山区或荒地等自然环境中，加之野生蔬菜的抗逆性、抗病性强，不施用农药、化肥，是真正的纯天然蔬菜。大多数野生蔬菜都有一定药用价值和保健作用。近年来，随着人们生活水平的提高和保健意识的增强，野生蔬菜备受消费者欢迎，市场需求量越来越大。但是，野生蔬菜种类繁多，营养和保健价值相差很大，采集天然野生蔬菜远不能满足市场需求，因而从众多野生蔬菜中筛选营养和保健价值较高的优良品种进行产业化开发，是野生蔬菜发展的重要方向。本书收录的西双版纳特色野生蔬菜90%以上来源于本地野生种，是具有特殊价值的资源植物，与人类的生活和生产密切相关。合理开发利用这些自然资源是西双版纳经济发展的基础，也是妥善解决当地居民生产和生活问题的关键。

利用野生蔬菜是否会毁坏森林？这一

傣楼阳台一角

傣家庭园一角

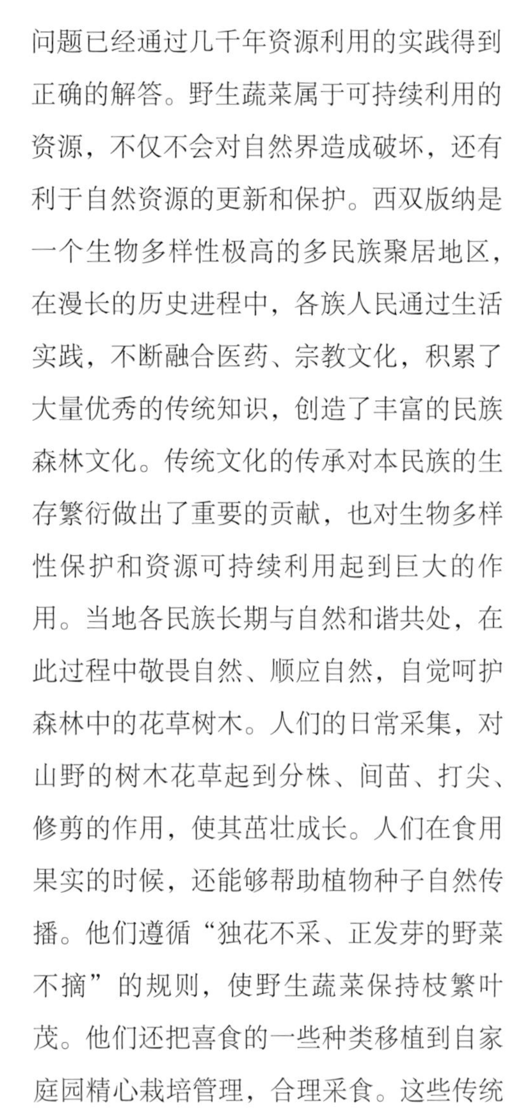

问题已经通过几千年资源利用的实践得到正确的解答。野生蔬菜属于可持续利用的资源，不仅不会对自然界造成破坏，还有利于自然资源的更新和保护。西双版纳是一个生物多样性极高的多民族聚居地区，在漫长的历史进程中，各族人民通过生活实践，不断融合医药、宗教文化，积累了大量优秀的传统知识，创造了丰富的民族森林文化。传统文化的传承对本民族的生存繁衍做出了重要的贡献，也对生物多样性保护和资源可持续利用起到巨大的作用。当地各民族长期与自然和谐共处，在此过程中敬畏自然、顺应自然，自觉呵护森林中的花草树木。人们的日常采集，对山野的树木花草起到分株、间苗、打尖、修剪的作用，使其茁壮成长。人们在食用果实的时候，还能够帮助植物种子自然传播。他们遵循“独花不采、正发芽的野菜不摘”的规则，使野生蔬菜保持枝繁叶茂。他们还把喜食的一些种类移植到自家庭园精心栽培管理，合理采食。这些传统的利用方式体现了人与自然的和谐共处，是可持续利用当地生物资源的有效手段。

西双版纳野生蔬菜资源尤为丰富。大多数野生蔬菜含有多种营养成分，具有一定的药用价值和保健作用，是很有开发利用前景的绿色保健食品。目前野菜资源的利用基本停留在自给自足的自然经济状态。尽管近年来有村民开始种植一些野生蔬菜出售，但规模小，市场销售量不大，未形成规模化、产业化种植，限制了野生蔬菜的开发利用。野菜资源长期以来缺乏综合利用和加工，基本以采集野生资源和直接餐食为主，缺乏规模化人工栽培和深加工产业链条。经济效益不高，资源优势不能转变为经济优势，是亟待解决的问题。西双版纳的旅游业是本地经济的支柱。近年来西双版纳年均游客量已高达4800多万人次，具有地方特色的野生蔬菜成为旅游餐饮业的重要组成部分，也是吸引游客的亮点之一。同时随着人口的快速增加和流动，城市居民对野生蔬菜的需求量也越来越大，野生蔬菜有着巨大的市场空间。

如何解决资源保护和开发利用的矛盾，在不破坏当地生态环境与资源的前提下，合理开发和利用野生蔬菜，是目前我们应该思考和关注的问题。制定有效可行的可持续利用野生蔬菜资源的管理办法，才能保证绿水青山常在，金山银山永存。因此，需要加强野生蔬菜资源的科学管理，制定野生蔬菜资源开发应遵循的政策法规。一方面参照乡规民俗，遵从野菜的传统利用知识和管理理念；另一方面从政府层面约束野菜资源的采收方式，限定野生蔬菜资源的采收量，保证资源开发利用的速度低于自然资源自我更新和恢复的速度。与此同时，需要全面系统地调查野生蔬菜的资源保有量和分布状态，研究野生蔬菜的生物学特性和最适生态条件，进一步尝试野生蔬菜的人工栽培。对营养丰富、经济效益高而天然生产量不足的野生蔬菜，要加快人工繁殖和引种驯化的研究速度，提高野生蔬菜的综合利用水平。同时注重开发特色深加工产品，以满足市场和人民生活的需求。

时至近代，由于人口倍增、人们对自然资源的滥用，以及由此产生的环境急剧变化，仅半个世纪，包括热带雨林在内，西双版纳自然森林的覆盖率由原来的 65% 降为不足 30%[77]，成百上千种动植物正从热带雨林中消失或处于受严重威胁的濒危状态，这正在动摇传统雨林生态文化的根基。

与此同时，野生蔬菜传统利用知识的流失也是一个不容小觑的问题。近年来，随着大量的森林被各种经济林地所取代，野生蔬菜来源地减少，获取野生蔬菜变得越来越困难，大规模的蔬菜种植也正在逐渐改变西双版纳地区少数民族的传统饮食结构。近年来的民族植物学调查表明，西双版纳地区以傣族为代表的少数民族野生蔬菜传统利用知识有很大一部分仅由少数人掌握，而且大部分是老年人。这些传统知识在两代人之间的流失率为 20% ～ 30%，严重的达到 50%[7]，面临

十五年前的城子村

今天的城子村

消亡的危险。这些传统知识是傣族先民在对大自然长期的探索实践中摸索和积累的植物资源利用经验，具有浓郁的地域特色，属于人类与自然和谐共处的知识宝库中重要的部分[79-80]。许多野生蔬菜鲜为外界所知，其他诸如营养组成、活性成分、医疗价值、保健功能等方面的深入研究更少。如果不采取有效措施进行宣传和保护，先辈们在长期实践中积累的传统野生蔬菜知识就可能不为人所知了，西双版纳傣族食用野生蔬菜的传统也将会完全消失。如果听任这些知识流失，将是一个不小的损失。

静静流淌的罗梭江

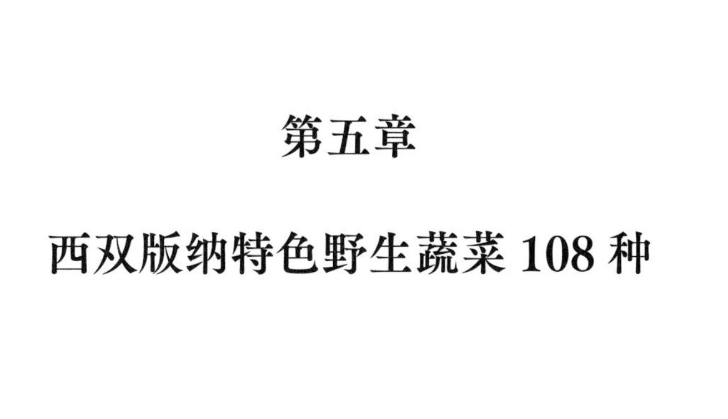

第五章

西双版纳特色野生蔬菜 108 种

【编写说明】

本章共收录西双版纳地区特色野生蔬菜 108 种。物种均按其所属的科、属和种的拉丁名首字母进行排序。

为方便读者准确辨识，大部分物种有展示花、果或种子细节特征的图片，并以文字标注说明，如花的结构、果实、种子、花序、果序等。

狗肝菜　　爵床科

Dicliptera chinensis (L.) Juss.　　Acanthaceae

中文别名：华九头狮子草

形态特征：草本，高 30 ～ 80 厘米。单叶对生，卵状椭圆形，顶端短渐尖，基部阔楔形或稍下延，纸质。花序腋生或顶生，由 3 ～ 4 个聚伞花序组成，每个聚伞花序有 1 至少数花，具 2 枚总苞状苞片，总苞片阔倒卵形或近圆形；花冠淡紫红色，长约 10 ～ 12 毫米，2 唇形，上唇阔卵状近圆形，全缘，有紫红色斑点，下唇长圆形，3 浅裂；雄蕊 2。蒴果。花期 9 月～翌年 1 月，果期 11 月～翌年 2 月。

分布和生境：产西双版纳全州；生于沟边、路边阳处、常绿阔叶林下，海拔 570 ～ 1200 米。分布于西南地区、广东、广西、海南、台湾；孟加拉国、印度、越南。

食用部位：嫩茎叶。

采集时间：全年以春、夏季为宜。

食用方法：嫩茎叶炒食或煮汤，口感柔嫩。

药用价值：全草入药，味微苦、甘，性寒。有清肝热、凉血、生津、利尿的功效。用于治疗感冒发热、带状疱疹、疖肿、目赤肿痛、小便淋沥、痢疾。

主要参考文献：[71][82]

多花山壳骨 爵床科

Pseuderanthemum polyanthum (C.B. Clarke ex Oliv.) Merr. Acanthaceae

花的结构

中文别名：芽咩盾（傣名）

傣名释义：指此植物（芽）的枝条有黏性，与沙灰、红糖一起舂细，可用于粘牢（咩）缅寺屋顶的动物雕塑构件（盾）。

形态特征：草本。单叶对生，宽卵形或矩圆形，顶端急尖，基部楔形，长 7 ～ 17.5 厘米，宽 4 ～ 9 厘米，全缘；叶柄长 2.5 厘米；穗状花序由小聚伞花序组成；花萼 5 裂，裂片披针形；花冠蓝紫色；冠管长 3 ～ 3.5 厘米，冠檐 2 唇形；雄蕊 2，花丝分离，短，着生于花冠喉部；蒴果棒槌状，长约 2.5 厘米，被柔毛。花期 1 ～ 4 月，果期 8 月。

分布和生境：产西双版纳全州；生于江边、公路边、常绿阔叶林下，海拔 580 ～ 850 米。分布于云南、广西；印度至印度尼西亚。

食用部位：鲜花。

采集时间：1 ～ 4 月。

食用方法：鲜花洗净，放油盐炒食。鲜花炒鸡蛋或混合蛋液摊成饼，味道尤佳。

药用价值：根入药，可止血。

主要参考文献：[7][71][81]

山牵牛

爵床科

Thunbergia grandiflora Roxb.

Acanthaceae

花的结构

『春节前后，在当地的林缘、灌丛或路旁常可见到一抹抹亮丽的蓝色，那是山牵牛正在盛开。山牵牛花期长，常可持续 4 ～ 5 个月。该属植物还有个有趣的名字——“老鸦嘴”，其球形蒴果的顶端具长喙，果实成熟时开裂，形似鸦嘴，故而得名。』

中文别名：大花山牵牛、大花老鸦嘴、嘿农捏（傣名）
傣名释义：指此植物（嘿）爬树悬空临风（农），而花朵脆，用手一捏就破碎（捏）。
形态特征：木质藤本，长达 10 余米。单叶对生，叶柄长达 8 厘米；叶片卵形、宽卵形至心形，基部近心形或截形，先端急尖至锐尖；通常 5 ～ 7 脉。花在叶腋单生或形成顶生总状花序；小苞片 2，长圆卵形；花冠管长 5 ～ 7 毫米，连同喉白色；冠檐蓝紫色，裂片圆形或宽卵形；雄蕊 4，2 长 2 短。蒴果被短柔毛，带种子部分球形，喙长 2 厘米。花期 12 月～翌年 5 月，果期 2 ～ 7 月。
分布和生境：产西双版纳全州；生于次生林、沟谷林、林缘，海拔 640 ～ 800 米。分布于云南、广西、广东、海南、福建；世界热带地区逸为野生。
食用部位：鲜花。
采集时间：12 月～翌年 5 月。
食用方法：鲜花洗净，焯水，拧干水分后炒食，与豆豉等同炒味道尤佳。
药用价值：根入药，味微辛，性平。有祛风、接骨、舒筋活络、活血散瘀、强筋骨的功效。用于治疗跌打、骨折、外伤出血、风湿、腰肌劳损等症。
主要参考文献：[7][71][81]

皱果苋（苋菜）

苋科

Amaranthus viridis L.

Amaranthaceae

中文别名： 绿苋、苋菜

形态特征： 一年生草本，高 40 ～ 80 厘米，全体无毛。单叶互生，卵形、卵状矩圆形，顶端尖凹或凹缺，基部宽楔形或近截形，全缘或微呈波状缘。圆锥花序顶生，长 6 ～ 12 厘米，宽 1.5 ～ 3 厘米，有分枝，由穗状花序形成；花被片矩圆形或宽倒披针形，柱头 3 或 2。胞果扁球形，直径约 2 毫米，极皱缩，超出花被片。种子近球形，具薄且锐的环状边缘。花期 6 ～ 8 月，果期 8 ～ 10 月。

分布和生境： 产西双版纳全州；生于路边灌丛、田野中，海拔 570 ～ 1200 米。泛热带广泛分布。

食用部位： 幼苗、嫩茎叶。

采集时间： 可四季采摘。

食用方法： 嫩茎叶炒食，或是与其他野菜混合做杂菜汤。

药用价值： 全草入药，味甘、淡，性凉。有清热解毒、利湿的功效。用于治疗细菌性痢疾、肠炎、乳腺炎、疮肿、牙疳、虫蛇咬伤等症。

主要参考文献： [71][83]

青葙

苋科

Celosia argentea L.

Amaranthaceae

『青葙的花序穗状宿存，经久不凋，花被片粉红色，干膜质，可作为干花观赏。种子青葙子可供药用，或炒熟后加工成各种甜食。』

中文别名：野鸡冠花、百日红、罗来韩马（傣名）

傣名释义：指此种植物的花序（罗来）状如狗尾巴草（韩马），意为“狗尾巴花”。

形态特征：一年生草本，高 0.3 ～ 1 米，全株无毛。叶片矩圆披针形或披针形，顶端急尖或渐尖，基部渐狭。花多数，密生，在茎端或枝端形成单一、无分枝的塔状或圆柱状穗状花序，长 3 ～ 10 厘米；苞片、小苞片、花被片干膜质；胞果卵形，长 3 ～ 3.5 毫米，包裹在宿存花被片内。种子凸透镜状肾形，直径约 1.5 毫米。花期 5 ～ 8 月，果期 6 ～ 10 月。

分布和生境：产西双版纳全州，庭园有栽培；生于河滩、路旁、荒地、林中，海拔 550 ～ 1200 米。亚洲、热带非洲均有分布。

食用部位：幼苗、嫩茎叶。

采集时间：可四季采摘，以春季为宜。

食用方法：嫩茎叶浸去苦味后，可凉拌、炒食或做汤，也可拌面蒸食。

药用价值：全草入药，味苦，性微寒。有燥湿清热、杀虫、止血的功效。用于治疗风瘙身痒、疥疮、痔疮、金疮出血、月经不调、白带、血崩等症。

主要参考文献：[71][81][84]

小藜（灰条菜） 苋科

Chenopodium ficifolium Sm. Amaranthaceae

中文别名：灰条菜、水落藜、帕呼母（傣名）

傣名释义：指此种植物可作为蔬菜（帕），其叶状如猪（母）的耳朵（呼），意为“猪耳草”。

形态特征：一年生草本，高 20 ～ 50 厘米。叶片卵状矩圆形，长 2.5 ～ 5 厘米，宽 1 ～ 3.5 厘米，通常 3 浅裂。花两性，数个团集，排列于上部的枝上，形成较开展的顶生圆锥状花序；花被近球形，5 深裂，裂片宽卵形；雄蕊 5；柱头 2，丝形。胞果包在花被内，果皮与种子贴生。种子双凸镜状，黑色，有光泽。花期 4 ～ 5 月。

分布和生境：产勐腊；生于路旁、荒地中，为普通田间杂草。亚洲、欧洲均有分布。

食用部位：嫩茎叶。

采集时间：全年，以春、夏季为宜。

食用方法：嫩茎叶洗净，焯水后拧干，炒食、凉拌或做汤，亦可拌玉米面蒸食或作干菜。

药用价值：全草入药，性凉。有去湿、解毒的功效。

主要参考文献：[81][85]

盐麸木（盐巴果） 漆树科

Rhus chinensis Mill. Anacardiaceae

『盐麸木花期在夏末秋初，白色小花细碎而小巧，聚成宽大的圆锥花序生于枝顶。果实成熟时，累累的红色果实挂满枝头，甚是醒目。核果扁球形，上面常有一层白色盐巴样结晶物质，别名“盐巴果”，是天然的酸咸味植物，西双版纳的基诺族、哈尼族爱伲人尤爱食用。』

中文别名：盐巴果、五倍子树、盐酸树、锅麻坡（傣名）

傣名释义：指此树木（锅）的果子（麻）外皮白色，味道微酸（坡）。

形态特征：落叶小乔木或灌木，高 2～10 米。奇数羽状复叶，互生；小叶 3～6 对，叶轴具叶状宽翅；小叶椭圆形或卵状椭圆形，具粗锯齿。圆锥花序顶生，宽大，多分枝，雄花序长 30～40 厘米，雌花序较短，被锈色柔毛。花小，杂性，白色，花萼 5 裂，花瓣 5，雄蕊 5，花柱 3。核果球形，略压扁，被具节柔毛和腺毛，成熟时红色。花期 8～9 月，果期 9～11 月。

分布和生境：产西双版纳全州；生于山顶、石灰岩山林中，海拔 450～1000 米。分布于全国大部分地区；热带亚洲、朝鲜和日本。

食用部位：果实、嫩茎叶。

采集时间：9～11 月。

食用方法：嫩茎叶炒食或加佐料捣烂食用。果实拌佐料捣烂食用，或舂碎后泡水，代醋。

药用价值：味酸、咸，性寒。有清热解毒、散瘀止血的功效。根、叶外用治跌打损伤、毒蛇咬伤、漆疮。

主要参考文献：[81][86][87]

槟榔青（噶利勒）

漆树科

Spondias pinnata (L. f.) Kurz

Anacardiaceae

果实和种子

『槟榔青俗称“噶利勒”，果实为肉质核果，果肉富含维生素 C，味酸涩，食后回甜，是傣族制作传统“喃咪”（蘸水）的重要原料。槟榔青炖鸡是西双版纳特色民族佳肴。』

中文别名：噶利勒、外木个、锅麻个（傣名）

傣名释义：指此树木（锅）的果子（麻）粗而短小（个）。

形态特征：落叶乔木，高 10 ～ 15 米。叶互生，奇数羽状复叶长 30 ～ 40 厘米，小叶 2 ～ 5 对，对生，薄纸质，卵状长圆形或椭圆状长圆形，多少偏斜，全缘。圆锥花序顶生，长 25 ～ 35 厘米，无毛；花小，白色；无梗；雄蕊 10；子房无毛。核果椭圆形，成熟时黄褐色，长 3.5 ～ 5 厘米，径 2.5 ～ 3.5 厘米，中果皮肉质。花期 4 ～ 6 月，果期 8 ～ 10 月。

分布和生境：产西双版纳全州；庭园常见栽培；生于山坡、次生林中，海拔 610 ～ 1300 米。分布于云南、广西、海南；南亚、东南亚。

食用部位：果实、嫩茎叶。

采集时间：果实：8 ～ 10 月；嫩茎叶：全年。

食用方法：果实：1. 嫩果切片凉拌或剁碎作酱（“喃咪”），味道清香、微苦，有回甘；2. 嫩果切片煮鱼或煮鸡；3. 成熟果实作水果直接食用。嫩茎叶做成凉拌菜或生食。

药用价值：果实、茎皮药用。有止泻、抗痢疾、抗风湿、治疗淋病及结核病等功效，同时具有抗氧化、抗衰老等作用。

主要参考文献：[73][81]

积雪草（马蹄叶） 伞形科

Centella asiatica (L.) Urb. Apiaceae

『积雪草的叶片圆形或肾形，俗名“马蹄叶”，嫩茎叶生食或熟食，味道较苦，性清凉。积雪草常分布于沟边或湿润的草地，菜市场常见售卖，是西双版纳最常食用的野生蔬菜之一。』

中文别名：马蹄叶、铜钱草、帕糯（傣名）

形态特征：多年生草本，茎匍匐，细长，节上生根。单叶互生，叶片膜质至草质，圆形或肾形，边缘有钝锯齿，基部阔心形；掌状脉 5 ～ 7；叶柄长 0.5 ～ 30 厘米。伞形花序梗 2 ～ 4 个，聚生于叶腋；每一伞形花序有花 3 ～ 4，聚集呈头状；花瓣卵形，紫红色或乳白色。果实两侧扁压，圆球形，基部心形至平截形，表面有毛或平滑。花果期 4 ～ 10 月。

分布和生境：产西双版纳全州；生于沙地、池塘边、林边，海拔 570 ～ 1900 米。热带和亚热带广布。

食用部位：全草。

采集时间：全年。

食用方法：生食：嫩茎叶洗净，蘸蘸水食用。熟食：嫩茎叶洗净，与鸡蛋等炒食或做汤。

药用价值：全草入药，味苦、辛，性寒。有清湿热、解毒消肿的功效。用于治疗湿热黄疸、痈疮肿毒、跌打损伤。

主要参考文献：[71][81][88]

刺芹（大芫荽）

伞形科

Eryngium foetidum L.

Apiaceae

『刺芹的香味与栽培芫荽相似，但味道更清爽，嫩叶香而不烈，又名“大芫荽”，是各民族喜爱的剁生肉必不可少的佐料。如今，“大芫荽”作为一种新型香料植物，不仅出现在傣族菜肴中，也颇受佤族、基诺族的钟爱。』

中文别名： 刺芫荽、假芫荽、大芫荽、帕崩勐芒（傣名）

傣名释义： 指此种芫荽（帕崩）产自缅甸（勐芒）。

形态特征： 多年生草本，高 8 ～ 40 厘米。单叶互生，基生叶披针形或倒披针形，顶端钝，基部渐窄，有膜质叶鞘，边缘有骨质尖锐锯齿，两面无毛，羽状网脉；叶柄短，基部有鞘可达 3 厘米；茎生叶边缘有深锯齿。头状花序呈圆柱形，无花序梗；总苞片 4 ～ 7，叶状；花瓣白色或淡黄色。果卵圆形或球形，表面有瘤状凸起。花果期 4 ～ 12 月。

分布和生境： 产西双版纳全州；庭园常见栽培或逸为野生；生于密林中潮湿地、灌草丛，海拔 580 ～ 1300 米。分布于云南、贵州、广西、广东；原产中美洲。

食用部位： 全草、嫩茎叶。

采集时间： 全年。

食用方法： 生食：常作佐料，加入凉拌菜肴中食用，亦可蘸佐料食用。熟食：加入火锅、烧烤中食用。

药用价值： 全草入药，味微苦、辛，性温。有疏风清热、健胃、行气消肿、止痛的功效。治感冒胸痛、消化不良、肠炎腹泻、蛇伤。外用治跌打肿痛。

主要参考文献： [71][81][89]

水芹（水芹菜）　　伞形科

Oenanthe javanica (Blume) DC.　　Apiaceae

『芹菜（*Apium graveolens*）又称旱芹，是餐桌上常见的栽培蔬菜。它的近亲水芹则逐水而居，天然生长于溪边、河畔，花朵洁白而细小，聚成伞房状花序。《诗经·鲁颂·泮水》曰“思乐泮水，薄采其芹”，意为“兴高采烈地赶赴泮宫水滨，采撷水芹菜以备大典之用”。可见，其貌不扬的水芹，在古代就作为野生蔬菜食用，而且还是在欢乐庆典的重大场合。』

中文别名：水芹菜、野芹菜、帕安哦（傣名）
傣名释义：指此植物可作蔬菜（帕），但具异味（哦）。
形态特征：多年生草本，高 15 ～ 80 厘米。基生叶有柄；叶片轮廓三角形，1 ～ 2 回羽状分裂；茎上部叶无柄，裂片和基生叶的裂片相似，较小。复伞形花序顶生，花序梗长 2 ～ 16 厘米；无总苞；伞辐 6 ～ 16，不等长，长 1 ～ 3 厘米；小伞形花序有花 20 余朵，花瓣白色，倒卵形。果实近球形或卵形。花期 6 ～ 7 月，果期 8 ～ 9 月。
分布和生境：产西双版纳全州；生于山地林下、路旁、沟谷林中，海拔 1370 ～ 1800 米。
食用部位：嫩茎叶。
采集时间：全年。
食用方法：嫩茎叶洗净，炒食或焯水后凉拌食用。亦可腌制为酱菜食用。
药用价值：全草入药，味甘，性平。有清热解毒、凉血降压的功效。用于治疗发热感冒、呕吐腹泻、尿路感染、崩漏、白带、高血压等症。
主要参考文献：[71][81][90]

毛车藤（酸扁果）

夹竹桃科

Amalocalyx microlobus Pierre

Apocynaceae

『毛车藤俗称“酸扁果”，果实外果皮木质，有多条深浅不一的皱纹。其貌不扬的酸扁果，果肉味道较酸，颇受嗜酸的傣族喜爱。』

中文别名：酸扁果、酸果藤、麻兴哈（傣名）

傣名释义：指此植物的果实（麻）成熟时裂开，飞出纤维状的种絮（兴哈）。

形态特征：木质藤本，具乳汁。单叶对生，叶纸质，宽倒卵形或椭圆状长圆形；叶柄长 1 ～ 3 厘米。聚伞花序腋生，近伞房状，着花 15 ～ 20 朵；花蕾圆柱状；花萼 5 深裂；花冠粉红色，近钟状，无毛，花冠筒卵圆形，长 2.2 厘米。蓇葖果 2 枚并生，椭圆形，外果皮木质，有皱纹，深褐色，被锈色柔毛；种子淡褐色，卵圆形；种毛黄色，绢质，长 4 厘米。花期 4 ～ 10 月，果期 9 ～ 12 月。

分布和生境：产景洪、勐腊；生于林边、石灰岩山、林中，海拔 650 ～ 1500 米。分布于云南；老挝、缅甸、泰国、越南。

食用部位：果实。

采集时间：9 ～ 12 月。

食用方法：生食：嫩果切条或块，蘸盐巴辣椒面等生食；嫩果果肉捣烂后，与其他食材一起凉拌食用。熟食：将嫩果果肉捣烂后与其他蔬菜混合，煮熟食用。

药用价值：果实入药，有生津解渴、开胃化食之功效。主治哺乳期缺乳、风温感冒咳嗽、消化不良、便溏。

主要参考文献：[81][91]

南山藤（苦藤） 夹竹桃科

Dregea volubilis (L. f.) Benth. ex Hook. f. Apocynaceae

『南山藤为大型木质藤本，聚伞花序倒垂，花冠黄绿色。盛花时节，一串串花束如倒挂的绿色小伞，与繁茂的枝叶相映成趣，颇具观赏价值，适宜屋顶、围篱、庭园等立体绿化之用。南山藤味道较苦，但口感细嫩，别具滋味，是傣族喜好食用的苦味植物的代表之一。』

中文别名：苦藤、苦凉菜、嘿帕哦（傣名）
傣名释义：指此植物（嘿）的枝叶可作蔬菜（帕），且具异味（哦）。
形态特征：木质大藤本，具乳汁。单叶对生，叶宽卵形或近圆形，顶端急尖或短渐尖，基部截形或浅心形，无毛或略被柔毛。花多朵，组成伞状聚伞花序，腋生，倒垂；花冠黄绿色，夜吐清香，裂片广卵形；副花冠裂片生于雄蕊的背面，肉质膨胀，内角呈延伸的尖角。蓇葖果披针状圆柱形；种子广卵形，扁平。花期 4 ～ 9 月，果期 7 ～ 12 月。
分布和生境：产西双版纳全州；庭园常见栽培；生于江边疏林、山脚阳处缓坡、灌丛中，海拔 560 ～ 1530 米。分布于云南、贵州、台湾、广西、广东；南亚、东南亚。
食用部位：嫩茎叶、鲜花。
采集时间：嫩茎叶：全年；鲜花：4 ～ 9 月。
食用方法：嫩茎叶或花：1. 与鸡蛋调和，油炸后食用；2. 直接炒食，或是与番茄、鸡蛋等炒食或煮汤；3. 焯水后加佐料凉拌食用。
药用价值：全株入药，味苦、辛，性凉。有清热祛湿、止痛的功效。适用于治疗感冒、支气管炎、胃痛、妊娠呕吐等症。
主要参考文献：[71][81][92][93]

广东匙羹藤（甜苦藤） 夹竹桃科

Gymnema inodorum (Lour.) Decne. Apocynaceae

『匙羹藤在印度被称为“Gurmar”，意思是“糖的破坏者”。该属植物所含的匙羹藤酸可以吸附在口腔味蕾和肠黏膜表层，从而掩盖味蕾对食物中甜味、苦味的反应，并抑制肠黏膜对糖的吸收。广东匙羹藤作为匙羹藤的替代物，也有明显抑制小肠糖吸收的作用，具有较大的开发利用价值。』

中文别名：甜苦藤、猪满芋、大叶匙羹藤

形态特征：木质藤本，具乳汁。单叶对生，膜质，卵形或卵状长圆形，顶端渐尖，基部圆形或浅心形。聚伞花序伞状，腋生，长 1.5 ～ 4 厘米，着花多朵；花冠淡黄色，钟状，外面被疏微毛，裂片长圆形。蓇葖果披针状圆柱形，长 8.5 ～ 11 厘米，直径 2 厘米；种子卵形，种毛长 3.5 厘米。花期 5 ～ 7 月，果期 7 月～翌年 1 月。

分布和生境：产勐腊、勐海；庭园常见栽培；生于疏林、沟谷，海拔 540 ～ 1000 米。分布于云南、贵州、海南、广东、广西；南亚、东南亚。

食用部位：嫩茎叶、鲜花。

采集时间：嫩茎叶：全年；鲜花：5 ～ 7 月。

食用方法：嫩茎叶或鲜花洗净，直接炒食，或是与番茄、鸡蛋等炒食或煮汤。

药用价值：根入药，用于治疗风湿、小儿麻痹症。

主要参考文献：[49][72]

翅果藤（婆婆针线包）　　夹竹桃科

Myriopteron extensum (Wight & Arn.) K. Schum.　　Apocynaceae

『翅果藤花小，白绿色；蓇葖果形状玲珑可爱，云南民间趣称之为“婆婆针线包”，可作为观果植物。现代研究表明，其果实中提炼出来的化合物，甜度比蔗糖高数十倍以上，或可成为一种更安全、低热量的天然甜味剂。翅果藤入菜，味道甘苦，风味独特。』

中文别名：大对节生、土甘草、婆婆针线包

形态特征：木质藤本，具乳汁。单叶对生，膜质，卵圆形至卵状椭圆形，顶端急尖或浑圆，具短尖，基部圆形。花小，白绿色，组成疏散的圆锥状的腋生聚伞花序，长 12 ～ 26 厘米；花冠辐状，花冠筒短，裂片长圆状披针形。蓇葖果椭圆状长圆形，基部膨大，外果皮具有很多膜质的纵翅；种子长卵形，顶端具白色绢质种毛。花期 5 ～ 8 月，果期 8 ～ 12 月。

分布和生境：产西双版纳全州；生于疏林、沟谷、箐边，海拔 550 ～ 1370 米。分布于云南、贵州、广西；热带亚洲。

食用部位：嫩果。

采集时间：8 ～ 12 月。

食用方法：嫩果果肉削成薄片，用清水浸泡，沥干水分后炒食或凉拌。嫩果腌制后蘸酱或辣椒面食用。

药用价值：根入药，味苦、甘，性温。有补中益气、止咳调经的功效。用于治疗感冒、咳嗽、肺结核等症。

主要参考文献：[66][71][94]

酸叶胶藤（酸叶藤） 夹竹桃科

Urceola rosea (Hook. & Arn.) D.J. Middleton Apocynaceae

『酸叶胶藤果实比“羊排果”纤细，别名“细羊排”。酸叶胶藤枝叶茂盛，终年常绿，可用于园林绿化。该植物富含乳汁，且酸味较重，是天然的酸味植物，傣族等少数民族庭园常见栽培。』

中文别名：细羊排、酸叶藤、乳藤、嘿宋拢（傣名）
傣名释义：指此种藤本植物（嘿）具酸味。
形态特征：木质大藤本，长达 10 米，具乳汁。单叶对生，纸质，阔椭圆形，顶端急尖，基部楔形，两面无毛。聚伞花序圆锥状，宽松展开，多歧，顶生，着花多朵；花小，粉红色。蓇葖果 2 枚，叉开成近一直线，圆筒状披针形，长达 15 厘米，外果皮有明显斑点；种子长圆形，顶端具白色绢质种毛。花期 4 ～ 12 月，果期 7 月～翌年 1 月。
分布和生境：产西双版纳全州；庭园常见栽培；生于路边、阴坡疏林、灌木丛中，海拔 560 ～ 1000 米。分布于中国西南地区和台湾、广西等地；印度尼西亚、泰国、越南。
食用部位：嫩茎叶、嫩果。
采集时间：嫩茎叶：全年；嫩果：7 月～翌年 1 月。
食用方法：嫩茎叶味酸，与肉类一同煮食，煮鱼汤尤其酸香可口。幼嫩果实可直接蘸盐巴、辣椒面生食，也可腌制后食用，味道较酸。
药用价值：全株入药，味酸、微涩，性凉。有利尿消肿、止痛的功效。主治跌打瘀肿、风湿骨痛、疔疮、喉痛、眼肿等症。
主要参考文献：[49][81][95]

云南水壶藤

夹竹桃科

Urceola tournieri (Pierre) D.J. Middleton

Apocynaceae

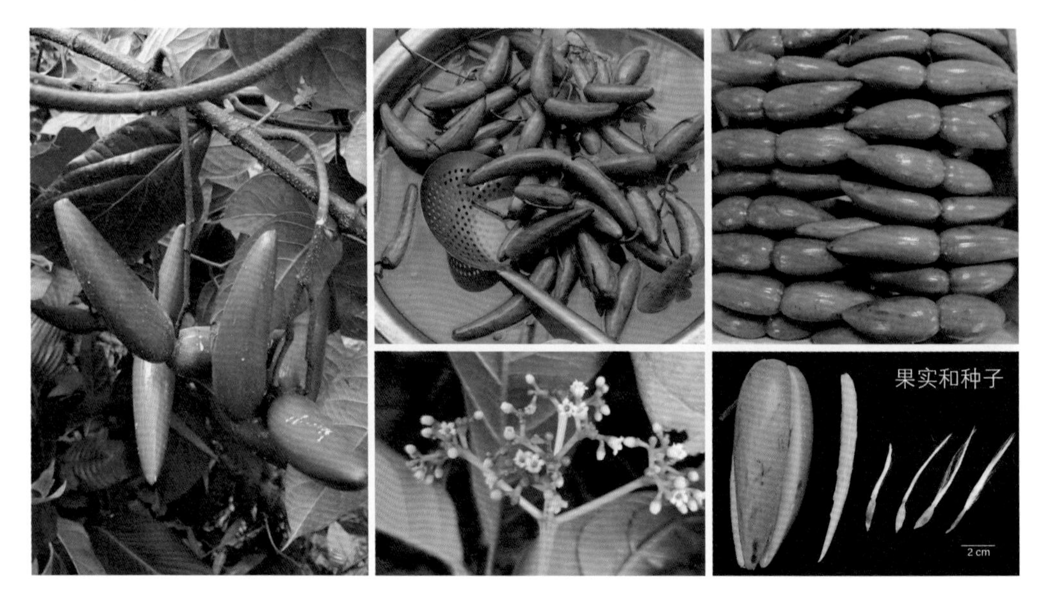

『云南水壶藤为粗壮大藤本。蓇葖果2枚，叉开，粗壮。收获季节，菜市场上，老百姓常将其果实一个个整齐叠放出售，形似肋排，别名“羊排果”。果实味道较酸，常蘸盐巴、辣椒面食用，酸爽开胃。』

中文别名：羊排果、大赛格多、赫马结

形态特征：粗壮高大藤本，长达20米；小枝及花序具微柔毛，含白色乳汁；茎皮棕褐色，有明显的皮孔。单叶对生，长圆形或狭长圆形，先端具骤尖头。聚伞花序腋生，伞房状，长8～16厘米，花白色。蓇葖果粗壮，近木质，长圆状宽披针形，先端略内弯，长达10厘米，直径2厘米，外果皮具皱纹及浅沟，有皮孔；种子长圆形，种毛淡黄色，长约3厘米。花期11月～翌年9月，果期8～11月。

分布和生境：产西双版纳全州；生于沟底疏林、山谷杂木林，海拔1300～1900米。分布于云南；老挝、缅甸。

食用部位：嫩果。

采集时间：8～11月。

食用方法：生食：嫩果直接蘸盐巴、辣椒面生食；或是取嫩果果肉，舂碎后，加辣椒面等调味料凉拌食用。腌制：果实洗净，用盐水腌制，腌酸后蘸佐料食用。

大野芋（滴水芋）

天南星科

Colocasia gigantea (Blume) Hook. f.

Araceae

『大野芋植株高大，叶片巨大如伞，长度大于普通人身高。大野芋主要生长在海拔100～700米的热带雨林地区，常与同家族的海芋混生，组成芭蕉—海芋群落，是营造热带景观的优良植物。野生大野芋毒性大，经过人工栽培选育，毒性降低，甚至可以生食。』

中文别名：滴水芋、广芋

形态特征：多年生常绿草本。叶丛生，叶柄淡绿色，具白粉，长可达2.5米，下部1/2呈鞘状，闭合；叶片长圆状心形、卵状心形，长可达2.5米，宽可达1.5米。花序柄近圆柱形，常5～8枚并列于同一叶柄鞘内。佛焰苞长12～24厘米。肉穗花序长9～20厘米。附属器极短小，锥状，长1～5毫米。浆果圆柱形，种子多数，纺锤形，有多条明显的纵棱。花期4～6月，果9月成熟。

分布和生境：产勐腊；村寨周边、庭园常见栽培；生于沟谷地带、石灰岩地区，海拔700米以下。分布于热带亚洲地区，东南亚广泛栽培。

食用部位：叶柄。

采集时间：全年。

食用方法：叶柄撕去表皮，生吃、舂食、凉拌、炒食或煮食。

药用价值：根茎入药，有解毒消肿、祛痰镇痉的功效。用于治疗跌打损伤和蛇虫咬伤。

主要参考文献：[96]

刺芋（刺菜） 天南星科

Lasia spinosa (L.) Thwaites Araceae

中文别名：刺菜、刺过江、旱慈姑、帕蒙郎（傣名）
傣名释义：指此种植物的叶柄（蒙）具软刺（郎），嫩叶可作为蔬菜（帕）。
形态特征：多年生有刺常绿草本，高可达 1 米。叶片形状多变，在幼株上呈戟形，至成年植株过渡为鸟足状至羽状深裂。花序柄长 20 ～ 35 厘米，佛焰苞长 15 ～ 30 厘米，管部长 3 ～ 5 厘米，檐部长 25 厘米，上部螺旋状旋转。肉穗花序圆柱形，长 2 ～ 4 厘米，黄绿色。果序长 6 ～ 8 厘米。浆果倒卵圆状，顶部四角形，长 1 厘米，先端通常密生小疣状凸起。花期 9 月，果翌年 2 月成熟。
分布和生境：产西双版纳全州；庭园常见栽培；生于灌丛下、水沟边向阳处、林缘，海拔 600 ～ 1200 米。分布于云南、台湾、广西、广东；南亚、东南亚。
食用部位：嫩茎叶。
采集时间：全年。
食用方法：熟食：嫩茎叶洗净，开水煮熟后沥干水分，炒食或凉拌。腌制：嫩茎叶洗净，腌酸后食用。
药用价值：根茎入药，味微苦、辛，性凉，有小毒。有清热解毒、消肿止痛、利尿的功效。用于治疗胃炎、淋巴腺炎、淋巴结核、腮腺炎、肾炎等症。
主要参考文献：[7][71][81]

刚毛白簕（刺五加）

五加科

Eleutherococcus setosus (H.L. Li) Y.R. Ling

Araliaceae

『刚毛白簕俗名“刺五加”，为五加属多刺灌木，繁殖容易，萌发力强，终年常绿，各民族庭园常见栽培。其嫩茎叶口感脆嫩、品味清香，是滇南地区常食的野菜。』

中文别名： 刺五加、锅当盖（傣名）、帕客边（傣名）

傣名释义： 锅当盖：指此植物（锅）的叶片状如鸡爪（当盖）；帕客边：指此植物的嫩枝叶可做（边）菜汤（帕客）。

形态特征： 灌木，高达 4 米；枝条疏生下向刺。叶互生，掌状复叶；小叶（3～）5；小叶片纸质，稀膜质，长圆形或倒卵状披针形，叶面脉上密被刚毛，边缘的锯齿有长刚毛。伞形花序多个组成顶生复伞形花序；花梗细长，长 1～2 厘米；花黄绿色，萼无毛，5 齿；花瓣 5，开花时反曲。果实扁球形，直径约 5 毫米，熟时黑色。花期 7～10 月，果期 10～11 月。

分布和生境： 产景洪、勐腊；庭园常见栽培；生于林中、杂木林沟边，海拔 1000 米。分布于云南、湖南、台湾和华南地区。

食用部位： 嫩茎叶。

采集时间： 全年。

食用方法： 嫩茎叶与水豆豉等凉拌，苦中带甘；放姜丝、蒜末等与牛肚丝或肉丝同炒，美味可口；切碎与鸡蛋同炒，风味独特。

药用价值： 根入药，味苦、辛，性凉。有清热解毒、祛风利湿、舒筋活血的功效。

主要参考文献： [71][81][97]

大参（火镰菜）　　五加科

Macropanax dispermus (Blume) Kuntze　　Araliaceae

中文别名：火镰菜、鸡爪菜

形态特征：常绿乔木，高达 12 米。掌状复叶互生，小叶 3 ～ 7；叶柄长 8 ～ 15 厘米；小叶片纸质，长圆形或椭圆形至披针形，两面均无毛，边缘疏生细齿或锯齿。圆锥花序顶生，长达 20 ～ 55 厘米；主轴、分枝和花梗密生锈色星状茸毛；伞形花序直径约 1.5 厘米，有花约 10 朵；花瓣 5，三角状卵形；雄蕊 5。果实卵球形，长约 5 毫米。花期 8 ～ 9 月，果期翌年 1 ～ 2 月。

分布和生境：产景洪、勐海；生于沟谷林中，海拔 1250 ～ 1850 米。分布于云南；南亚、东南亚。

食用部位：嫩茎叶。

采集时间：3 ～ 11 月，以春季为宜。

食用方法：嫩茎叶洗净，蘸佐料生食，或是焯水后加佐料凉拌，尤其是加剁椒或豆豉凉拌，别有风味。

药用价值：根入药，味微辛、甘，性平。有健脾理气、舒筋活络的功效。用于治疗小儿疳积、筋骨疼痛。

主要参考文献：[71][98]

刺通草

五加科

Trevesia palmata (Roxb. ex Lindl.) Vis.

Araliaceae

『五加科出产多种名贵药材，如三七、人参、五加等，也出产多种可作蔬食的野生植物，如楤木、刺五加、大参等。刺通草为雨林中常见的植物，掌状叶片硕大，大的直径几达1米，叶柄和枝干疏生短刺、密被棕色茸毛。刺通草的花序、嫩茎尖均可入菜，味道淡苦宜人。』

中文别名：棁树、广叶葠、锅当凹（傣名）

形态特征：常绿小乔木，高3～8米。小枝淡黄棕色，有茸毛和刺。单叶互生，直径达60～90厘米，革质，掌状深裂，裂片5～9，披针形，先端长渐尖，边缘有大锯齿，裂片常有一至几个或深或浅的小裂片。伞形花序大，直径约4.5厘米，聚生成长达50厘米的大型圆锥花序；花淡黄绿色，花瓣6～10，长圆形；果实卵球形，直径1.2～1.8厘米。花期3～5月，果期5～6月。

分布和生境：产西双版纳全州；庭园有栽培；生于石灰岩山季雨林、混交林、密林，海拔580～1850米。分布于云南、贵州、广西；南亚、东南亚。

食用部位：花序、嫩茎叶。

采集时间：花序：3～5月；嫩茎叶：全年。

食用方法：剥除花序有毛的外皮，捣烂生食或煮熟食用。嫩茎叶煮食，或与其他肉类一起炒食。嫩茎叶煮熟后蘸喃咪等食用。

药用价值：叶入药，主治跌打损伤。

主要参考文献：[7][71][81]

桄榔

棕榈科

Arenga westerhoutii Griff.

Arecaceae

『棕榈科全球共有183属约2400种，我国产16属73种，西双版纳产8属41种。棕榈科植物大多挺拔、壮观，广泛用于行道绿化和营造优美园林景观，是最能展现热带风光的植物类群。除观赏外，该科植物还有重要的经济价值，如油棕、椰子、槟榔等都是重要的热带经济作物，桄榔也是其中一种。桄榔用途多样，其花序汁液可制糖和酿酒，桄榔粉可供食用，叶鞘纤维可制绳缆，幼嫩的茎尖可作蔬菜食用，等等。』

中文别名：莎木

形态特征：乔木状，高达12米，茎较粗壮，不分枝，直径40～60厘米，有疏离的环状叶痕。叶簇生于茎顶，长5～8米，羽状全裂，羽片呈2列排列，线形，长80～150厘米，宽3～6厘米。花序腋生，长达3米，花序梗粗壮，下弯，分枝多，长达1.5米，佛焰苞多个，螺旋状排列于花序梗上。果实近球形，青黑色，直径达7厘米，具三棱。花期6月，果实约在开花后2～3年成熟。

分布和生境：产景洪、勐腊；生于海拔300～800米的热带森林中。分布于云南、海南、广西；东南亚。

食用部位：幼嫩茎尖、茎髓。

采集时间：全年。

食用方法：嫩茎叶：采集茎干上部未长出的嫩茎叶，直接炒食。茎髓：1. 可直接炒食；2. 提取淀粉，用沸水冲服，还可制作菜品、糕点等。

主要参考文献：[47][99][100]

大叶蒲葵（大蒲葵）

棕榈科

Livistona saribus (Lour.) Merr. ex A. Chev.

Arecaceae

果实和种子

『大叶蒲葵树形高大挺拔，可长成高达40米的大树，南方常用作行道树。蒲葵属植物叶片大，适宜制作蒲扇。《本草》说扇："东人多以蒲为之，岭南以蒲葵为之。"蒲指香蒲科的蒲草，其叶片坚韧，可做编织材料。蒲葵的扇形叶片稍作修剪即可制成蒲扇。』

中文别名： 大蒲葵、锅个（傣名）

傣名释义： 指此树（锅）所结的果子圆而短小（个）。

形态特征： 乔木状，高达40米，径达65厘米。叶片圆形或心状圆形，直径达1.5～1.7米，掌状深裂至中部或以下；叶柄长1至2米，粗壮，钝三棱形，两侧下部密被黑褐色下弯粗壮扁刺。肉穗花序腋生，长约2.3米，分枝花序4～9，小穗轴长15～45厘米，花3～5朵簇生，淡黄色，长约2毫米。果椭圆形，长3～3.5厘米，径2～2.5厘米，淡蓝色。花期3～4月，果期10～11月。

分布和生境： 产景洪、勐腊；村寨周边、庭园有栽培；生于次生林、密林，海拔800～1100米。分布于云南、广东；东南亚。

食用部位： 成熟果实。

采集时间： 10～11月。

食用方法： 果实煮熟，去除果皮和果核，将果肉捣碎放入糯米饭团中，做成夹心馅饼食用，味道香甜独特，是传统傣族食品。

药用价值： 全株入药，味甘苦、涩，性凉。有止痛、止喘的功效。用于治疗肿癌、白血病、慢性肝炎等症。

主要参考文献： [7][71][81]

野茼蒿（革命菜）　　菊科

Crassocephalum crepidioides (Benth.) S. Moore　　Asteraceae

中文别名：革命菜、野木耳菜、芽帕命（傣名）、芽罗冠（傣名）

傣名释义：芽帕命：指此植物（芽）可做蔬菜（帕）而具异味（命）；芽罗冠：指此植物（芽）的花（罗）开放时，花柄弯曲下垂（冠）。

形态特征：直立草本，高 20 ～ 120 厘米。单叶互生，膜质，椭圆形或长圆状椭圆形，边缘有不规则锯齿或重锯齿。头状花序数个在茎端排成伞房状，直径约 3 厘米，总苞钟状，长 1 ～ 1.2 厘米；总苞片 1 层，线状披针形，小花全部管状，两性，花冠红褐色或橙红色，檐部 5 齿裂。瘦果狭圆柱形，赤红色，有肋，被毛；冠毛极多数，白色，绢毛状，易脱落。花期 7 ～ 12 月。

分布和生境：产西双版纳全州；生长于路旁、荒地、田野，海拔 500 ～ 1800 米。原产非洲，泛热带广泛分布。

食用部位：嫩茎叶。

采集时间：全年，以春、夏季为宜。

食用方法：嫩茎叶洗净，焯水后炒食、凉拌或做汤，滇南地区常与豆豉同炒，味道鲜美。

药用价值：全草入药，味微苦、辛，性平。有清火止咳、清热消毒、健脾胃的功效。用于治疗感冒、肠炎痢疾、乳腺炎、消化不良。

主要参考文献：[71][81][101]

鼠麹草（黄花）　菊科

Pseudognaphalium affine (D. Don) Anderb.　Asteraceae

中文别名：清明菜、黄花、清明粑

形态特征：一年生草本，高 5 ～ 60 厘米。茎直立，密被白色厚绵毛。单叶互生，无柄，匙形，两面被白色绵毛。头状花序多数，排列成伞房状花序；总苞片 2 ～ 3 层，金黄色、黄色或柠檬黄色，膜质，有光泽。雌花多数；两性花 5 ～ 10 朵，花冠管状。瘦果长圆形，具极细的点状凸起；冠毛白色或黄白色，长约 2 毫米，极纤细，易脱落。花果期几全年。

分布和生境：产西双版纳全州；生于田中、山谷斜坡、荒地，海拔 540 ～ 1830 米。广泛分布于国内和东亚、南亚、东南亚。

食用部位：嫩茎叶、花序。

采集时间：全年，以春、夏季为宜。

食用方法：嫩茎叶和花（新鲜食材切碎或是晒干碾细），与糯米粉拌匀，加适量白糖，一起蒸制或用油煎食用。加工成的糍粑，为清明前后的一种风味小吃。

药用价值：全草入药，味微甘，性平。有祛痰止咳、祛风湿的功效。用于治疗咳嗽痰喘、风寒感冒、风湿痹痛。

主要参考文献：[7][71]

食用双盖蕨（水蕨菜）

蹄盖蕨科

Diplazium esculentum (Retz.) Sw.

Athyriaceae

『食用双盖蕨俗名“水蕨菜”，它和滇中等地常食的另一种蕨——龙爪菜（*Pteridium aquilinum* var. *latiusculum*）属于不同的科，后者一般生于阳光充足的山坡或林缘。蕨类植物含有原蕨苷，对人体健康不利，高温或水煮可以去除大部分的原蕨苷。』

中文别名：水蕨菜、菜蕨、帕故喃（傣名）

傣名释义：指此种蕨类（故）生长在湿润的地方（喃），其嫩孢子叶可作为蔬菜（帕）。

形态特征：根状茎直立，高达 15 厘米，密被鳞片。叶簇生，能育叶长 60 ～ 120 厘米；叶柄长 50 ～ 60 厘米；叶片三角形或阔披针形，长 60 ～ 80 厘米，宽 30 ～ 60 厘米，顶部羽裂渐尖，下部 1 回或 2 回羽状；羽片 12 ～ 16 对，互生，羽状分裂；小羽片 8 ～ 10 对，互生。叶坚草质。孢子囊群多数，线形；囊群盖线形，膜质，黄褐色，全缘。

分布和生境：产西双版纳全州；生于山谷林下湿地、河沟边，海拔 1200 米以下。亚洲热带和亚热带地区广泛分布。

食用部位：嫩孢子叶。

采集时间：全年。

食用方法：嫩孢子叶加豆豉等炒食，滑嫩可口；亦可焯水后凉拌食用，还可做汤。

药用价值：全草入药，味微苦，性寒。有清热利湿、凉血解毒的功效。用于治疗黄疸、腿脚乏力、妇女腰痛及痛经、外伤出血及蛇咬伤。

主要参考文献：[71][81][102]

粗喙秋海棠（酸脚杆）

秋海棠科

Begonia longifolia Blume

Begoniaceae

果实剖面

中文别名：红小姐、酸脚杆、马酸通、芽丁仗（傣名）、宋共（傣名）

傣名释义：芽丁仗：指此种植物（芽）的叶片较大，状如大象（仗）的脚板（丁），意为“象足草”。宋共：因其嫩枝叶可食，味酸（宋共）。

形态特征：多年生草本，高可达 1.7 米。叶长圆形，先端渐尖，基部偏斜心形，叶缘锯齿稀疏，常波浪状。雌雄同株，二歧聚伞花序腋生。雄花花被片 4，白色，雄蕊多数。雌花花被片 6，白色，倒卵形，花柱 3，柱头螺旋状扭曲，具乳突。子房 3 室，近球形。蒴果近球形，无翅或具 3 角，无毛，顶端具粗厚长喙。花期 4 ～ 5 月，果期 7 月。

分布和生境：产景洪、勐腊；生于水边坡地、沟谷疏林、沟谷林路边，海拔 660 ～ 1000 米。分布于云南、贵州、台湾、福建等省；南亚、东南亚。

食用部位：嫩茎叶。

采集时间：全年。

食用方法：嫩茎叶洗净，炒食或做汤，亦可生食。嫩茎秆和叶柄味酸，可以用来加工饮料。

药用价值：根茎入药，有消肿止痛、收敛解毒之效。可治喉炎、牙痛、蛇伤。

主要参考文献：[81][103]

西南猫尾木（猴子尾巴木） 紫葳科

Markhamia stipulata (Wall.) Seem. ex K. Schum. Bignoniaceae

『西南猫尾木树高可达 15 米，每年立秋之后，枝头开出硕大的黄白色花朵，冠筒内部还有不规则的紫红色条纹。最为奇特的是它的果实或旋卷弯曲或直伸下垂，形似猫尾，因而得名，爱伲人又趣称之为“猴子尾巴木”。花和果实都可观可食。花朵硕大，五六朵就可烹制一盘菜肴，口感清香淡苦，食之清热解毒。』

中文别名：猴子尾巴木、锅罗韩喵（傣名）
傣名释义：指此种植物（锅）的花序（罗）状如猫尾（韩喵），意为“猫尾木”。
形态特征：乔木，高 10 ～ 15 米。奇数羽状复叶对生，小叶 7 ～ 11 枚，长椭圆形至椭圆状卵形，全缘。顶生总状聚伞花序，有花 4 ～ 10 朵；花萼佛焰苞状，密被锈黄色茸毛。花冠黄白色，直径达 10 厘米。雄蕊 4，2 强。蒴果长柱形，扁，外面密被灰黄褐茸毛，形似猫尾，长 30 ～ 70 厘米，粗 2 ～ 4 厘米。种子长椭圆形，两端具白色透明膜质阔翅。花期 9 ～ 12 月，果期翌年 1 ～ 4 月。
分布和生境：产景洪、勐腊；村寨周边、庭园常见栽培；生于林中、村旁、灌丛中，海拔 780 ～ 950 米。分布于云南、广西、广东、海南；东南亚。
食用部位：鲜花、幼嫩果实。
采集时间：9 月至翌年 4 月。
食用方法：鲜花生食：将洗净的鲜花（去除花萼和花蕊）与佐料一起捣烂食用。鲜花焯水后蘸佐料食用，或是与豆豉等炒食。幼嫩果实：剥除有毛的外果皮，直接生食，或稍加蒸煮，蘸喃咪食用。
药用价值：叶入药，有清热解毒、凉血散血的作用，用于治疗高热。
主要参考文献：[81][104]

火烧花（缅木）

紫葳科

Mayodendron igneum (Kurz) Kurz

Bignoniaceae

『火烧花是热带雨林典型的老茎生花植物。盛花时节，树干上橙黄色的花朵密密匝匝，满树鲜花衬着墨黑的树干，似一簇簇橘红的火苗，在苍翠的热带雨林中尤为醒目。花朵边开边落，铺满地面。捡拾落花，回家简单炮制，就是一道佳肴。口味清香，柔而微韧，淡苦宜人。』

中文别名：缅木、火花树、埋罗毕（傣名）

傣名释义：指取这种树（埋）所开的管状花（罗），用手捏住花冠，在另一端鼓气，再用另外两个手指捏住，两头一挤，花冠便爆裂，因发出“毕”的声音而得名。

形态特征：常绿乔木，高可达 15 米。大型奇数 2 回羽状复叶；小叶卵形至卵状披针形，偏斜，全缘。短总状花序，有花 5 ～ 13 朵，着生于老茎或侧枝上；花萼佛焰苞状，外面密被微柔毛。花冠筒状，檐部裂片 5，反折。蒴果长线形，下垂，长达 45 厘米。种子卵圆形，具白色透明的膜质翅。花期 2 ～ 5 月，果期 5 ～ 9 月。

分布和生境：产景洪、勐腊；村寨周边、庭园常见栽培；生于路边、干燥地、村旁树林，海拔 570 ～ 1520 米。分布于云南、台湾、广西、广东；老挝、缅甸、泰国、越南。

食用部位：鲜花。

采集时间：2 ～ 5 月。滇南地区可一年多次开花，但 2 ～ 5 月开花量最大。

食用方法：鲜花去除花萼和雌蕊，洗净，焯水，清水浸泡以减少苦味，沥干后炒食或凉拌。滇南地区多与韭菜、豆豉等同炒，亦可与腊肉或火腿片同炒。

药用价值：树皮入药，具有清热解毒、祛风利水、杀虫止痒的功效。可治疗牙痛、风寒湿痹、肢体关节肿痛等症。

主要参考文献：[81][105]

木蝴蝶（海船）

紫葳科

Oroxylum indicum (L.) Kurz

Bignoniaceae

『木蝴蝶是本地最常见的野生蔬菜。蒴果成熟时，两瓣裂开，果瓣扁平，似一叶扁舟，俗名“海船”。内有多数种子，种子周围具白色膜质透明薄翅，又名“千张纸”。借助薄翅，稍有微风，种子就可飘得很远，如空中飞舞的白色蝴蝶，故名“木蝴蝶”。』

中文别名：千张纸、海船、牛脚筒、锅林仗（傣名）

傣名释义：指此树（锅）所结的果子大而扁长，如大象（仗）的舌头（林），意为“象舌树”。

形态特征：小乔木，高 6 ～ 10 米。大型奇数 2 ～ 4 回羽状复叶，长 60 ～ 130 厘米；小叶三角状卵形，全缘。总状聚伞花序顶生；花萼钟状，紫色；花大，紫红色，花冠肉质，花常在傍晚开放，有恶臭气味。蒴果长披针形，木质，扁平，长 40 ～ 120 厘米，宽 5 ～ 9 厘米。种子多数，圆形，周翅薄如纸。花期 7 ～ 10 月，果期 10 月～翌年 2 月。

分布和生境：产西双版纳全州；村寨周边、庭园常见栽培；生于山坡疏林、杂木林，海拔 560 ～ 1420 米。分布于西南地区、台湾、广西、广东、福建；南亚、东南亚。

食用部位：鲜花、嫩果、嫩叶。

采集时间：花：7 ～ 10 月；果：10 月～翌年 2 月。

食用方法：嫩果：1. 炭火烤熟，切片蘸佐料食用；2. 切片，焯水后炒食或蘸佐料食用；3. 切片，腌酸后食用。嫩叶：焯水后，与佐料一起捣烂食用。鲜花：洗净，炒食或蘸佐料食用。

药用价值：树皮和种子入药，味微苦、甘，性凉。有清热利湿的功效。用于治疗各种炎症。

主要参考文献：[71][81][106]

毛束草（假酸浆）　　紫草科

Trichodesma calycosum Coll. et Hemsl.　　Boraginaceae

中文别名：假酸浆

形态特征：半灌木，高 1 ～ 2.5 米。枝略呈四棱形，无毛。叶对生，椭圆形或宽椭圆形，两面均有短糙伏毛，全缘，基部渐狭成短柄。圆锥状聚伞花序顶生，长可达 20 厘米。花萼钟状，长约 1.5 厘米，果期增大膨胀，直径达 4 厘米，裂片卵状三角形，先端尾状渐尖；花冠白色或带粉红色，较萼稍长；雄蕊 5，芒状药隔伸出花冠并螺旋状扭转。小坚果宽卵形，种子扁平，圆形。花期 1 ～ 4 月。

分布和生境：产西双版纳全州；生于林下河边、路边坡地，海拔 700 ～ 1100 米。分布于云南、贵州、台湾；印度、老挝、缅甸、泰国。

食用部位：鲜花或嫩花序。

采集时间：1 ～ 4 月。

食用方法：鲜花或嫩花序洗净，开水煮 10 分钟左右，清水漂洗，沥干水分，加豆豉等炒食。

弯曲碎米荠（碎米荠）

十字花科

Cardamine flexuosa With.

Brassicaceae

中文别名：碎米荠

形态特征：一年生或二年生草本，高达 30 厘米。茎自基部多分枝，斜升呈铺散状，表面疏生柔毛。奇数羽状复叶，互生；基生叶大头羽裂，侧生小叶 2 ～ 6 对；茎生叶有小叶 3 ～ 5 对，小叶多为长卵形或线形，1 ～ 3 裂或全缘。总状花序多数；萼片长椭圆形，长约 2.5 毫米；花瓣白色，倒卵状楔形，长约 3.5 毫米；雌蕊 6 枚，稀 4 枚。长角果线形，扁平。花期 2 ～ 5 月，果期 4 ～ 7 月。

分布和生境：产景洪、勐腊；生于箐谷、林下、沟谷、水边，海拔 570 ～ 1200 米。全国广布；原产于欧洲，亚洲、美洲、澳大利亚逸为野生。

食用部位：嫩茎叶。

采集时间：全年。

食用方法：嫩茎叶炒食或做汤。

药用价值：全草入药，能清热、利湿、健胃、止泻。

主要参考文献：[49][107]

橄榄（青果）

橄榄科

Canarium album (Lour.) Raeusch.

Burseraceae

『《齐东野语》记载，橄榄又名“谏果”“忠果”“青果”，因为鲜果初食有涩口之感，但放在嘴里久了，就会有清甜的回味，好像“良药苦口”“忠言逆耳”一样。橄榄在古代是一种名贵的果品，据《南方草木状》记载，“(此果)吴时岁贡以赐近臣”。』

中文别名：青果、黄榄、白榄、麻埂（傣名）

傣名释义：指此植物所结的果实（麻）呈梭形，形状如钻子（埂），意为“钻子果”。

形态特征：乔木，高 10 ～ 25 米，胸径 1.5 米。奇数羽状复叶，小叶 3 ～ 6 对，纸质至革质，披针形或椭圆形，偏斜，全缘；侧脉 12 ～ 16 对。花序腋生，花小，3 数，雌雄异株；雄花序为聚伞圆锥花序，多花；雌花序总状，具花 12 朵以下。果序长 1.5 ～ 15 厘米，具 1 ～ 6 果。果卵圆形至纺锤形，长 2.5 ～ 3.5 厘米，成熟时黄绿色；外果皮厚，干时有皱纹。种子 1 ～ 2。花期 4 ～ 5 月，果期 8 ～ 12 月。

分布和生境：产西双版纳全州；村寨周边有栽培；生于路旁疏林、混交林，海拔 850 ～ 1280 米。分布于云南、贵州、四川、福建等省；越南。

食用部位：果实。

采集时间：8 ～ 12 月。

食用方法：果实洗净，蘸佐料食用，或加佐料捣烂食用。也可腌制成果脯食用。

药用价值：果实入药，味甘、涩、酸，性平。有清肺、利咽、生津、解毒的功效。用于治疗咽喉肿痛、烦渴、咳嗽止血、筋骨疼痛等症。

主要参考文献：[49][81][108]

铜锤玉带草（钮子果）

桔梗科

Lobelia nummularia Lam.

Campanulaceae

『铜锤玉带草为柔弱匍匐铺地草本，开淡红色小花，浆果似一个个紫红色小铜锤点缀在枝叶间，小巧可爱。其生命力旺盛，热带地区全年可见花果，可作为园林绿化、观赏用的地被植物。』

中文别名：钮子果、小钢锤、地钮子、铜锤草

形态特征：多年生草本，有白色乳汁。茎平卧，被开展的柔毛，节上生根。单叶互生，叶片圆卵形、心形或卵形，边缘有牙齿，两面疏生短柔毛。花单生叶腋；花冠淡红色至白色，檐部2唇形，裂片5。浆果紫红色，椭圆状球形，长1～1.3厘米，具宿存花萼。种子多数，近圆球状，稍压扁，表面有小疣突。热带地区全年可见花果。

分布和生境：产西双版纳全州；生于疏林、荒地、混交林，海拔570～1530米。分布于西南、华南、华东地区；南亚、东南亚。

食用部位：嫩茎叶。

采集时间：全年。

食用方法：炒食：嫩茎叶洗净，与豆豉或鸡蛋炒食，亦可加鸡蛋摊成饼。做汤：嫩茎叶洗净，做汤食用，调入蛋液味道尤佳。

药用价值：全草入药，味甘苦，性平。有祛风利湿、活血、解毒的功效。用于治风湿疼痛、跌打损伤、乳痈、无名肿毒等症。

主要参考文献：[71][109]

树头菜

山柑科

Crateva unilocularis Buch.–Ham.

Capparaceae

『树头菜为小乔木，嫩茎叶可炒食，最为独特的是腌制食用，在滇南的菜市场常可见到树头菜腌制成的酸菜售卖。在云南，被称为“树头菜”的还有五加科的楤木。二者都是美味的野生蔬菜，食用部位都是春天枝头刚萌出的嫩梢，故名“树头菜”。』

中文别名：鱼木、苦洞树、帕贡（傣名）
傣名释义：指此植物的叶片3裂（贡），可用于腌制酸菜（帕）。
形态特征：乔木，高5～15米。掌状复叶互生；小叶片3，薄革质，椭圆形，侧生小叶基部不对称。总状或伞房状花序着生在小枝顶部，有花10～40朵，花梗长3～7厘米；花瓣白色或黄色；雄蕊16～20；雌蕊柄长3.5～7厘米；柱头头状，近无柄。果球形，表面粗糙，直径约2.5～4厘米。种子多数，暗褐色，种皮平滑。花期3～4月，果期7～8月。
分布和生境：产勐海、勐腊；村寨周边、庭园常见栽培；生于村旁向阳处、橡胶地，海拔850～1500米。分布于云南、海南、广东、广西、福建；南亚、东南亚。
食用部位：嫩叶。
采集时间：4～11月。
食用方法：嫩叶盐渍，腌制成酸菜，用来炒肉，煮鸡、鱼或当佐料。嫩叶焯水，漂洗去除苦味，切碎后与火腿、鸡蛋等同炒，味道鲜香，略带苦味。
药用价值：叶入药，为健胃剂。
主要参考文献：[71][81][110][111]

灯油藤　　卫矛科

Celastrus paniculatus Willd.　　Celastraceae

『灯油藤为藤状灌木，开淡绿色细碎小花，果实成熟时裂开，露出鲜艳的红色假种皮。在滇中，同属的植物大芽南蛇藤（*Celastrus gemmatus*）又称“米汤叶”，春天新萌出的幼嫩茎尖用来做汤、熬粥，味道尤佳。』

中文别名：滇南蛇藤、打油果、红果藤、嘿麻电（傣名）
傣名释义：指此种植物（嘿）的果子（麻）成熟时会炸裂（电），意为“爆炸果”。
形态特征：藤状灌木，高达 10 米；皮孔通常密生。叶椭圆形、长方椭圆形，先端短尖至渐尖，基部楔形较圆，边缘锯齿状，叶两面光滑。聚伞圆锥花序顶生，长 5 ～ 10 厘米，小花梗长 3 ～ 6 毫米，关节位于基部；花淡绿色；花萼 5 裂，覆瓦状排列，半圆形，具缘毛；花瓣长方形至倒卵长方形。蒴果球状，直径达 1 厘米，具 3 ～ 6 种子。花期 4 ～ 6 月，果期 6 ～ 9 月。
分布和生境：产景洪、勐腊；生于疏林、寨边、山地，海拔 560 ～ 1600 米。分布于云南、贵州、台湾、广东、广西、海南；热带亚洲、澳大利亚。
食用部位：嫩茎叶。
采集时间：3 ～ 8 月。
食用方法：嫩茎叶炒食、做汤，亦可焯水后凉拌食用。
药用价值：种子入药，有缓泻、催吐的功效和兴奋作用。
主要参考文献：[71][81][112]

青苔

刚毛藻科和双星藻科

Cladophora spp. and *Spirogyra* spp.

Cladophoraceae, Zygnemataceae

『春节前后正值西双版纳的旱季，罗梭江水流变缓，江水变浅，日渐清澈。鹅卵石上，一种特色美食——青苔正在大量生长。江水中，随处可见打捞青苔的村民。西双版纳的傣族把刚毛藻、水绵这类藻类统称为青苔，傣语发音“改”。青苔含有丰富的氨基酸、矿物质，口感与海苔非常相似，是傣族招待贵宾的佳品。』

中文别名：改（傣名）

形态特征：刚毛藻（*Cladophora* spp.）：一年生或多年生，藻体为多细胞分支或不分支丝状体。分支为互生、对生型。可无性生殖或产生游孢子，有性生殖为同配接合，生活史为同型世代交替。水绵（*Spirogyra* spp.）：丝状体不分支，由一列圆柱状细胞构成，每个细胞内有 1 ～ 16 条螺旋状弯曲的带状的叶绿体，其中有 1 列蛋白核，1 个细胞核。有性生殖多进行梯形接合，也有侧面接合，或二者兼具；接合孢子多在雌配子囊内，成熟后多为黄色或褐色。

分布和生境：产西双版纳全州；生于河流、小溪。分布于全球大部分温带、热带地区。

食用部位：全株。

采集时间：12 月～翌年 4 月。

食用方法：新鲜青苔去除杂质，反复用清水漂洗后，加佐料做青苔汤或清蒸食用。也可制成薄片，晾晒成青苔饼，油炸食用或清水泡发后做汤、清蒸。油炸青苔片、糯米饭包青苔、青苔炖鸡蛋等均是不可错过的美食。

药用价值：味甘，性热。主治大小便虚冷、水泻，阴寒亦解，暖脐甚佳。煅之为末，可搽疔疮、黄水疮，痘症顶陷亦有效。

主要参考文献：[113][114]

鸭跖草（竹叶菜）　鸭跖草科

Commelina communis L.　Commelinaceae

中文别名：竹叶菜、蓝花草、淡竹叶、帕哈（傣名）
傣名释义：指此种草本植物的根（哈）可用作蔬菜（帕）。
形态特征：一年生披散草本。茎匍匐生根，多分枝。叶披针形至卵状披针形，长 3～9 厘米，宽 1.5～2 厘米。总苞片佛焰苞状；聚伞花序；萼片膜质，长约 5 毫米，内面 2 枚常靠近或合生；花瓣深蓝色；内面 2 枚具爪，长近 1 厘米；雄蕊 6 枚，3 枚发育，3 枚退化。蒴果椭圆形，有种子 4 颗。种子长 2～3 毫米，棕黄色，有不规则窝孔。花期 8～9 月。
分布和生境：产西双版纳全州；生于路边、林缘、田野，海拔 570～1200 米。分布于我国大部分省区；俄罗斯、东亚、东南亚。
食用部位：嫩茎叶。
采集时间：全年。
食用方法：嫩茎叶洗净，焯水后炒食、凉拌或做汤。
药用价值：全草入药，味甘、淡，性微寒。有行水清热、解毒、凉血的功效。用于治疗水肿、脚气、小便不利、感冒、腮腺炎、咽喉肿痛、痈疽疔疮等。
主要参考文献：[71][81][115]

闭鞘姜（老妈妈拐棍）

闭鞘姜科

Costus speciosus (J. Koenig) Sm.

Costaceae

『闭鞘姜为多年生草本植物，茎秆扭曲，形态独特，云南思茅等地形象地称之为“老妈妈拐棍”。闭鞘姜花大，喇叭形的唇瓣洁白美丽，花期长，是优良的园林观赏植物。』

中文别名：水蕉花、老妈妈拐棍、恩倒（傣名）

傣名释义：指此植物的茎干如拐杖（恩倒），意为“拐棍草”。

形态特征：株高 1 ～ 3 米，顶部常分枝，旋卷。单叶，螺旋状排列，叶片长圆形或披针形，顶端渐尖或尾状渐尖，基部近圆形，叶背密被绢毛。穗状花序顶生，椭圆形或卵形，长 5 ～ 15 厘米；苞片卵形，革质，红色；唇瓣宽喇叭形，纯白色，长 6.5 ～ 9 厘米，顶端具裂齿及皱波状；雄蕊花瓣状，白色，基部橙黄。蒴果稍木质，红色；种子黑色，光亮。花期 7 ～ 9 月，果期 9 ～ 11 月。

分布和生境：产景洪、勐腊；生于沟谷、山谷草地、林间空地，海拔 700 ～ 1050 米。分布于云南、广东、广西、台湾；热带亚洲、澳大利亚。

食用部位：嫩茎。

采集时间：全年。

食用方法：嫩茎蘸佐料生食。嫩茎切片，焯水后炒食、凉拌或煮汤，加入鱼肉同煮，味道更佳。嫩茎还可腌酸后食用。

药用价值：根茎入药，味辛酸，性微温。有小毒。有利水、消肿、拔毒的功效。用于小便不利、无名肿痛、跌打扭伤等症。

主要参考文献：[71][81][116]

红瓜（甜藤） 葫芦科

Coccinia grandis (L.) Voigt Cucurbitaceae

『红瓜属植物约有 50 种，主要分布于非洲，我国仅红瓜一种。在西双版纳，红瓜四季常绿，嫩茎叶随时可采食。味道清甜可口，傣族称之“甜藤”。傣医称其为“帕些”，意为“能消肿的菜”。』

中文别名：甜藤、藤甜菜、帕些、麻客（傣名）

傣名释义：指此瓜果（麻）的嫩枝叶可做菜汤（客），意为“汤瓜”。

形态特征：攀缘草本；茎纤细，光滑无毛。单叶互生，叶片阔心形，长、宽均 5 ～ 10 厘米，常有 5 个角。卷须纤细，不分歧。雌雄异株，雌花、雄花均单生。花萼筒宽钟形；花冠白色或稍带黄色，长 2.5 ～ 3.5 厘米，内面有柔毛；子房纺锤形，花柱纤细，柱头 3。果实纺锤形，熟时深红色。种子黄色，长圆形，两面密布小疣点。花期 6 ～ 12 月，果期 10 ～ 12 月，热带地区全年可见花果。

分布和生境：产西双版纳全州；庭园常见栽培；生于路边、山谷灌丛、林边，海拔 600 ～ 1100 米。分布于云南、广西、广东；热带非洲、热带亚洲。

食用部位：嫩茎叶。

采集时间：全年。

食用方法：嫩茎叶炒食或做汤，也可与其他野菜混合做杂菜汤。

药用价值：全株入药，味微甜，性平。具有清火解毒、除风止痒、润肠通便的功效。其嫩茎叶有治疗糖尿病和降低血糖的功效。

主要参考文献：[74][81][117][118]

野黄瓜（酸黄瓜） 葫芦科

Cucumis hystrix Chakrav. Cucurbitaceae

『黄瓜是最普通不过的蔬菜，但野生的黄瓜估计很多人没见过。野黄瓜与黄瓜是近缘种，但长相很不一样。野黄瓜果实小巧可爱，长只有5厘米左右，成人一手就可以抓握几个。果实表面布满刺突，咬上一口，味道略酸，但有浓浓的黄瓜味，故又名“酸黄瓜”。野黄瓜至今仍天然生长在山野之中，滇南菜市场偶见售卖，是珍贵的野生种质资源。』

中文别名： 酸黄瓜、鸟苦瓜、老鼠瓜、麻潓（傣名）

傣名释义：“潓”是大黄蜂，此名是黄瓜的通称。

形态特征： 一年生攀缘草本，全体被白色糙硬毛和短刚毛。单叶互生，叶片厚膜质，宽卵形或三角状卵形，3～5浅裂，顶端急尖，基部心形。卷须纤细，不分歧。雌雄同株；雌花、雄花均单生。花冠黄色，裂片卵状长圆形；子房长圆状卵形，柱头3裂。果实长圆形，长4～5厘米，径1.5～2.3厘米，密生具刺尖的瘤状凸起。种子狭卵形，两面光滑。花期6～8月，果期8～12月。

分布和生境： 产西双版纳全州；生于沟谷密林、混交林、箐沟边，海拔680～1250米。分布于云南；印度、缅甸、泰国。

食用部位： 嫩果。

采集时间： 8～12月。

食用方法： 幼嫩果实黄瓜味浓，略带酸味，可直接生食或凉拌。

主要参考文献： [81]

金瓜

葫芦科

Gymnopetalum chinense (Lour.) Merr.

Cucurbitaceae

『金瓜的果实卵状长圆形，成熟时为橙红色，具10条凸起的纵棱，果色鲜艳，果形可爱，可作为观果植物栽培。』

中文别名： 越南裸瓣瓜、嘿其嘎（傣名）
傣名释义： 指此藤本植物（嘿）所结的种子黑色，状如老鸦（嘎）的粪便（其）。
形态特征： 草质藤本；茎、枝初时有糙硬毛及长柔毛，老后渐脱落。单叶互生，膜质，卵状心形，五角形或3～5中裂。卷须纤细，不分歧或2歧。雌雄同株；雄花单生或3～8朵生于总状花序上，雌花单生；花萼筒管状，长约2厘米；花冠白色；雄蕊3，花丝粗壮。果实长圆状卵形，橙红色，具10条凸起的纵肋。种子长圆形，两端钝圆。花期7～9月，果期9～12月。
分布和生境： 产西双版纳全州；生于石灰岩上、疏林中，海拔630～1200米。分布于云南、海南、广东、广西；南亚、东南亚。
食用部位： 嫩茎叶。
采集时间： 3～10月。
食用方法： 嫩茎叶洗净，炒食或做汤。
药用价值： 全草用于治疗妇科病、全身痛、手脚萎缩。
主要参考文献： [7][71][81]

绞股蓝

葫芦科

Gynostemma pentaphyllum (Thunb.) Makino

Cucurbitaceae

『绞股蓝早在春秋战国时期就被当作野菜充饥，1406 年（明永乐四年）正式见载于朱橚所著的《救荒本草》。现代研究表明，绞股蓝富含绞股蓝皂苷，与人参皂苷成分相近，因此被誉为“南方人参”。绞股蓝在林缘、林下常见分布，资源量大，有广阔的市场开发前景。』

中文别名：七叶胆、公罗锅底、藤子甘草、芽哈摆（傣名）

傣名释义：此植物是藤本，因是草质、细小而被当成草本植物（芽），其叶片（摆）由 5 个小叶（哈）组成，意为“五叶草”。

形态特征：多年生攀缘草本。单叶互生，叶膜质或纸质，鸟足状 5 ～ 7 小叶，小叶片卵状长圆形或披针形，先端急尖或短渐尖，基部渐狭，边缘具波状齿。卷须纤细，2 歧。雌雄异株；圆锥花序；花冠淡绿色或白色，5 深裂，裂片卵状披针形；子房球形，2 ～ 3 室，花柱 3 枚。果实肉质，球形，成熟后黑色。花期 3 ～ 11 月，果期 4 ～ 12 月。

分布和生境：产西双版纳全州；生于树林、灌木丛，海拔 600 ～ 1540 米。分布于长江以南各省份；东亚、南亚、东南亚。

食用部位：嫩茎叶。

采集时间：全年。

食用方法：嫩茎叶洗净，焯水后炒食、凉拌或做汤。嫩茎叶晒干后可代茶叶泡茶。

药用价值：全草入药，味苦，性寒。有消炎解毒、止咳祛痰的功效。用于治疗慢性支气管炎、病毒性肝炎、肾盂炎、胃肠炎。

主要参考文献：[71][81][119]

油渣果（油瓜）　　葫芦科

Hodgsonia heteroclita (Roxb.) Hook. f. & Thomson　　Cucurbitaceae

『油渣果种仁富含油脂，食之有猪油的香味。其油质清甜，营养极为丰富，是优良的食用植物油。油渣果是雌雄异花植物，花朵常在夜晚 7 点至 10 点开放，次日天亮花就凋谢了。油瓜花朵开放时，花冠裂片先端长流苏卷曲下垂，似卷发，也似泡面，民间趣称为"泡面花"。』

中文别名： 油瓜、猪油果、麻劲（傣名）
傣名释义： 指此植物的种子（麻）含油量极高，是松鼠（劲）最喜欢吃的，意为"松鼠果"。
形态特征： 木质藤本，长达 20 ～ 30 米；茎、枝粗壮，无毛。叶片厚革质，3 ～ 5 深裂、中裂，长、宽均为 15 ～ 24 厘米。卷须颇粗壮，2 ～ 5 歧。雌雄异株。雄花形成总状花序；花冠辐状，外面黄色，里面白色，5 裂，裂片长 5 厘米，先端具长达 15 厘米的流苏，雄蕊 3。雌花单生。果实大型，扁球形，有 6 枚大型种子。种子长圆形，长 7 厘米，宽 3 厘米。花、果期 6 ～ 10 月。
分布和生境： 产西双版纳全州；生于路旁密林、沟谷林、空旷山坡，海拔 580 ～ 1550 米。分布于云南、广西、西藏；南亚、东南亚。
食用部位： 种仁。
采集时间： 6 ～ 10 月。
食用方法： 种仁油炸食用，或在炭火上烤熟后直接食用，或舂碎制成"喃咪"。还可代替食用油，用来煮青菜汤等。
药用价值： 根入药，味苦，性寒，有小毒，有杀菌、催吐功效；种仁入药，味甘，性凉，有凉血止血、解毒消肿的功效。
主要参考文献： [71][81][120][121]

山苦瓜（野苦瓜）

葫芦科

Momordica charantia L.

Cucurbitaceae

『山苦瓜是苦瓜的野生种，天然分布于林缘、路旁或灌丛中。果实比普通的栽培苦瓜娇小，常常六七个才能烹制一盘菜肴。在西双版纳的夜市，常可见外形娇小别致的山苦瓜与硕大的芭蕉花、肥美的甜竹笋、碧绿的苦子果一起陈列在傣味美食摊上。』

中文别名：野苦瓜、凉瓜、癞瓜、麻怀烘（傣名）

傣名释义：指此瓜果（麻）味很苦（怀烘），意为“苦瓜”。

形态特征：一年生攀缘状柔弱草本。单叶互生，卵状肾形或近圆形，膜质，长、宽均为 4 ～ 12 厘米，5 ～ 7 深裂。卷须纤细，不分歧。雌雄同株，雌花、雄花均单生；苞片绿色，肾形或圆形，全缘；花萼裂片卵状披针形；花冠黄色，裂片倒卵形。果实纺锤形或圆柱形，多瘤皱，成熟后由顶端 3 瓣裂。种子多数，长圆形，具红色假种皮，两面有刻纹。花、果期 5 ～ 10 月。

分布和生境：产西双版纳全州；庭园常见栽培；生于路边、林缘或灌丛中。分布于云南、贵州、广东、广西、福建等地；泛热带广泛分布。

食用部位：果实。

采集时间：5 ～ 10 月。

食用方法：果实切片凉拌，或与鸡蛋、肉类等炒食，亦可炖汤。

药用价值：全草入药，味苦，性寒。有清热解毒的功效，主治风火牙痛、痢疾、便血、疔疮肿毒等症。

主要参考文献：[71][81][122][123]

木鳖子 葫芦科

Momordica cochinchinensis (Lour.) Spreng. Cucurbitaceae

『木鳖子的名字源于它龟形的种子，其果实含多枚种子，种子卵形或方形，干后黑褐色，形似一只只可爱的小龟，当地的老百姓趣称为“螃蟹眼睛菜”。木鳖子的果实密生锥状尖刺，似不宜把玩的可爱“小刺球”。』

中文别名：番木鳖、糯饭果、螃蟹眼睛菜、麻其嘎（傣名）
傣名释义：此植物与金瓜异种同名，只是用“麻”（果子）而不是用“嘿”（藤本植物）命名，指此植物果子（麻）的种子黑色，形状如老鸦（嘎）的粪便（其）。
形态特征：粗壮大藤本。单叶互生，叶片心形或宽卵状圆形，长、宽 10 ～ 20 厘米，3 ～ 5 中裂至深裂。卷须颇粗壮，不分歧。雌雄异株；雄花单生于叶腋，或 3 ～ 4 花形成短总状花序，雌花单生于叶腋；苞片兜状，圆肾形；花冠黄色，裂片卵状长圆形，基部有黑斑。果实卵球形，长达 12 ～ 15 厘米，成熟时红色，密生具刺尖的凸起。种子多数，形似小龟。花期 6 ～ 8 月，果期 8 ～ 10 月。
分布和生境：产西双版纳全州；庭园常见栽培；生于水边、灌丛，海拔 550 ～ 1540 米。分布于西南、华南等地区；孟加拉国、印度、马来西亚、缅甸。
食用部位：嫩茎叶。
采集时间：全年。
食用方法：嫩茎叶洗净，炒食、做汤或焯水后凉拌，味道清香爽口。
药用价值：种子入药，味苦、微甘，性温。有消肿止痛、解毒之功效。用于治疗痈肿、疔疮、瘰疬、痔疮、无名肿毒等症。
主要参考文献：[71][81][124]

凹萼木鳖（苦藤菜） 葫芦科

Momordica subangulata Blume Cucurbitaceae

中文别名：苦藤菜、小花木鳖子

形态特征：纤细攀缘草本。单叶互生，膜质，卵状心形或宽卵状心形，不分裂或3～5浅裂。卷须丝状，不分歧。雌雄异株；雌花、雄花均单生，花梗纤细。雄花顶端生一圆肾形的苞片；花冠黄色，裂片倒卵形；雄蕊3或5。雌花基部常有一小型苞片。果实卵球形或卵状长圆形，长3～5厘米，外面光滑，具数排纵向结节。花期6～8月，果期8～11月。

分布和生境：产西双版纳全州；生于荒地草丛、常绿阔叶林，海拔540～1700米。分布于云南、贵州、广东、广西；南亚、东南亚。

食用部位：嫩茎叶。

采集时间：全年。

食用方法：嫩茎叶洗净，炒食或做汤。

密毛栝楼

葫芦科

Trichosanthes villosa Blume

Cucurbitaceae

『栝楼属植物花色洁白，稀为红色。花瓣先端具有丝状的流苏，是该属植物的主要识别特征。每年至少食用一次密毛栝楼的果实，是西双版纳傣族的传统习俗。据说可提高身体免疫力。』

中文别名：毛栝楼、麻莫赖（傣名）

傣名释义：指此瓜果（麻）的果皮具花纹（赖），可用火烧（莫）食。

形态特征：攀缘藤本，长 4 ～ 5 米；茎粗壮，多分枝，密被褐色或黄褐色柔毛。叶片纸质，阔卵形，长 11 ～ 18 厘米，宽 11 ～ 17 厘米。卷须 3 ～ 5 歧。雌雄异株。雄花总状花序长 10 ～ 20 厘米，总花梗粗壮，中部以上有花 15 ～ 20 朵；苞片阔椭圆形，边缘具大小不等的短齿；花冠白色，5 裂，裂片阔圆形，两侧具流苏，外面密被短柔毛。雌花单生，子房长圆状椭圆形。果实近球形，径 8 ～ 13 厘米，灰白色，具白色条纹。种子多数，种皮厚。花期 12 月～翌年 7 月，果期 8 月～翌年 3 月。

分布和生境：产景洪、勐腊；生长于石灰山、灌丛或疏林，海拔 950 米以下。分布于云南、广西；热带亚洲。

食用部位：嫩茎叶、果实。

采集时间：嫩茎叶：全年；果实：8 月～翌年 3 月。

食用方法：嫩茎叶洗净，炒食或做汤。成熟果实蒸熟后食用果瓤。

药用价值：种子和根入药，具清热解毒、润肺止咳、散结消肿的功效。外用能消疤块、淋巴结核、无名肿毒等。

主要参考文献：[81][125]

赤苍藤（大叶臭菜）

赤苍藤科

Erythropalum scandens Blume

Erythropalaceae

『赤苍藤果实卵球形，倒垂，果实成熟后，包围果实的萼筒与果实分离并开裂成不规则的 3 ～ 5 裂瓣，鲜红色裂瓣反卷，露出蓝紫色的种子，红蓝相间，极具观赏价值。嫩茎叶有“臭味”，当地人称之为“大叶臭菜”，又因叶腋有长长的卷须，广西等地也称之为“龙须菜”。』

中文别名：大叶臭菜、细绿藤、龙须菜

形态特征：常绿藤本，长 5 ～ 10 米，具腋生卷须。单叶互生，纸质或近革质，卵形或长卵形，顶端渐尖，钝尖或突尖，基部微心形、圆形或截平；基出脉 3 条，稀 5 条。2 歧聚伞花序腋生；花小，绿白色；雄蕊 5 枚。核果卵状椭圆形或椭圆状，全为增大成壶状的花萼筒所包围，成熟时淡红褐色，3 ～ 5 瓣裂；种子蓝紫色。花期 4 ～ 5 月，果期 5 ～ 7 月。

分布和生境：产西双版纳全州；庭园有栽培；生于林中、山谷灌木丛中，海拔 730 ～ 1300 米。分布于云南、贵州、西藏、广东、广西、海南；南亚、东南亚。

食用部位：嫩茎叶。

采集时间：3 ～ 10 月。

食用方法：嫩茎叶洗净，炒食、做汤或腌制食用，味道鲜美。

药用价值：全株入药，味微苦，性平。有清热利尿的功效。用于治疗肝炎、肠炎、尿道炎、急性肾炎、小便不利等症。

主要参考文献：[71][126][127]

藤金合欢

豆科

Acacia concinna (Willd.) DC.

Fabaceae

中文别名：小合欢、肉果金合欢、宋拜（傣名）

傣名释义：“拜”是释放、解开之意。指此种植物的嫩枝叶释放出酸味（宋）。又指此植物具有除（拜）风祛邪、防治疾病的功效。

形态特征：攀缘灌木；枝条被棕色柔毛，具钩状皮刺。托叶卵状心形，早落。2 回羽状复叶，长 10 ～ 20 厘米；羽片 6 ～ 10 对；总叶柄近中部及最顶上 1 ～ 2 对羽片之间有 1 个腺体；小叶 15 ～ 25 对，线状长圆形。球形头状花序排成圆锥花序；花白色或淡黄，芳香。荚果肥厚，干时多皱折，长 8 ～ 15 厘米，宽 2 ～ 3 厘米；种子 6 ～ 10 颗。花期 4 ～ 6 月，果期 7 ～ 12 月。

分布和生境：产西双版纳全州；生于江边疏林、村中，海拔 560 ～ 1120 米。分布于云南、贵州、广东、广西、福建等地；热带亚洲。

食用部位：嫩茎叶。

采集时间：全年。

食用方法：嫩茎叶味酸，可炒食或做汤，亦可和鱼、肉等一起煮熟食用，去除肉类的腥味。

药用价值：全株入药，味微苦，性平。有解瘀散热的功效。用于治疗风湿骨痛、疥疮、痧症、腹痛。

主要参考文献：[7][71][81]

羽叶金合欢（臭菜） 豆科

Acacia pennata (L.) Willd. Fabaceae

『羽叶金合欢俗名“臭菜”。在西双版纳的丛林中行走，若有一股“臭味”忽隐忽现，大概就是附近有臭菜分布。臭菜闻着臭，吃起来香，营养丰富，蛋白质、氨基酸含量高，风味独特。臭菜煎蛋是傣味美食的代表菜品之一，可谓“臭名”远扬。』

中文别名：臭菜、蛇藤、帕腊哦（傣名）

傣名释义：指此植物的嫩枝叶可作蔬菜（帕），具有一种特殊的臭味（哦）。

形态特征：攀缘、多刺藤本；小枝和叶轴均被锈色短柔毛。总叶柄基部及叶轴上部各有凸起的腺体 1 枚；2 回羽状复叶，羽片 8 ～ 22 对；小叶 30 ～ 54 对，线形，中脉靠近上边缘。头状花序圆球形，单生或 2 ～ 3 个聚生，排成腋生或顶生的圆锥花序。果带状；种子 8 ～ 12 颗，长椭圆形而扁。花期 3 ～ 10 月，果期 7 月～翌年 4 月。

分布和生境：产西双版纳全州；庭园常见栽培；生于灌丛、混交林、山坡林，海拔 500 ～ 1550 米。分布于云南、广东、福建；热带亚洲。

食用部位：嫩茎叶。

采集时间：全年。

食用方法：嫩茎尖切细，与鸡蛋调匀后炒食或摊成饼；也可煮汤或与其他野菜一起煮成“杂菜汤”；与鲜鱼等同煮，味香而独特。

药用价值：全株入药，味苦，性平。有消炎利湿的功效。用于治疗急性过敏性渗出性皮炎、慢性溃疡、阴囊湿疹、下肢溃疡。

主要参考文献：[71][81][128]

猪腰豆（白藤花）

豆科

Afgekia filipes (Dunn) R. Geesink

Fabaceae

『猪腰豆为豆科大型攀缘灌木，花朵淡紫色，花序通常腋生或生于老茎上，荚果大型，种子1粒。种子猪肾状，熟后暗褐色，故名“猪腰豆”。猪腰豆在热带地区终年枝叶繁茂，是优良的藤架绿化植物。』

中文别名：大荚藤、白藤花、猪腰子
形态特征：大型攀缘灌木，长达20余米。奇数羽状复叶互生，长25～35厘米；小叶8～9对，近对生，纸质，长圆形，全缘。总状花序聚集成大型的复合花序，先花后叶；苞片大，膜质，卵状椭圆形；花冠淡紫色，花瓣均近等长，长约2.5厘米。荚果纺锤状长圆形；种子1粒，猪肾状，长约8厘米，宽4.5厘米，熟后暗褐色，光滑。花期2～4月，果期9～11月。
分布和生境：产西双版纳全州；生于季雨林、山坡林、灌丛，海拔590～1520米。分布于云南、广西；老挝、缅甸、泰国、越南。
食用部位：鲜花。
采集时间：2～4月。
食用方法：鲜花洗净，与韭菜、豆豉或酸菜等同炒，或是与蚕豆、豌豆等一起煮汤。
药用价值：藤茎入药，用于祛风补血，可治跌打损伤、月经不调等症。
主要参考文献：[129]

白花洋紫荆（老白花） 豆科

Bauhinia variegata var. *candida* (Roxb.) Voigt Fabaceae

『白花洋紫荆俗名“老白花”，先花后叶，盛花时节满树白花似山林间浮动的白云，是云南南部食花植物的典型代表，农贸市场常见售卖。市场上的老白花多数焯水处理好，攒成球状或饼状售卖。口感好，味甜并有清香味。』

中文别名：大白花、老白花、锅埋修（傣名）

傣名释义：“修”是这种植物的名字，如提到这种树木就用“锅埋修”，如提到用作蔬菜的嫩枝叶就用“帕修”，如提到可食的种子就用“麻修”。

形态特征：落叶乔木。单叶互生，近革质，广卵形至近圆形，基部浅至深心形，先端 2 裂达叶长的 1/3。总状花序侧生或顶生；花大，近无梗；萼佛焰苞状；花瓣倒卵形或倒披针形，长 4 ～ 5 厘米，具瓣柄，白色，近轴的 1 片或有时全部花瓣均杂以淡黄色的斑块，能育雄蕊 5；子房具柄，被柔毛。荚果带状，扁平。花期 2 ～ 4 月，果期 5 ～ 8 月。

分布和生境：产景洪、勐腊；村寨有栽培；生于疏林荒地、山坡，海拔 570 ～ 1900 米。原产西双版纳，我国南方省份多见栽培。

食用部位：鲜花、嫩茎叶。

采集时间：鲜花：2 ～ 4 月；嫩茎叶：6 ～ 10 月。

食用方法：鲜花：1. 洗净，蘸喃咪生食；2. 幼嫩花蕾洗净，挂鸡蛋液油煎；3. 花朵洗净，焯水，浸泡，漂洗后沥干，与豆豉、韭菜等炒食，或是与蚕豆、猪肉等炖汤。嫩茎叶：炒食或做杂菜汤，或用开水煮熟后蘸佐料食用。

药用价值：根入药，有驱肠虫的功效。用于治疗消化不良。

主要参考文献：[71][76][81]

粉葛（葛根） 豆科

Pueraria montana var. *thomsonii* (Benth.) M.R. Almeida Fabaceae

花的结构

中文别名：葛根、甘葛藤

形态特征：粗壮藤本，全体被黄色长硬毛，有粗厚的块状根。羽状 3 小叶；托叶背生；小叶 3 裂，顶生小叶宽卵形或斜卵形，侧生小叶斜卵形，稍小。总状花序长 15 ～ 30 厘米；花冠紫色，旗瓣近圆形，长 16 ～ 18 毫米，基部有 2 耳及 1 黄色硬痂状附属体；与旗瓣相对的 1 枚雄蕊仅上部离生。荚果长椭圆形，扁平，被褐色长硬毛。花期 9 ～ 10 月，果期 11 ～ 12 月。

分布和生境：产景洪、勐腊；生于低山常绿阔叶林下、轮歇地，海拔 580 ～ 1690 米。广布于我国和亚洲东南至澳大利亚。

食用部位：块根。

采集时间：8 ～ 10 月。

食用方法：蒸食：葛根洗净，切段，放入锅中蒸熟食用。煮水：葛根洗净，煎水食用。加工淀粉：葛根磨细，过滤，沉淀后得淀粉，可以加工成多种食品。

药用价值：根入药，味甘、辛，性平。有解热发汗、生津止渴、止泻的功效。用于治疗表症发热、口渴、痢疾。退热生用，止泻煨熟用。

主要参考文献：[7][71]

大花田菁

豆科

Sesbania grandiflora (L.) Pers.

Fabaceae

『大花田菁花朵硕大，花序总状下垂，着生 2～4 花，花有红白两色，花朵呈镰状弯曲。花开时，最外方的花瓣（旗瓣）慢慢外展上翘，整朵花似枝头振翅欲飞的小鸟，甚为有趣。』

中文别名：木田菁、红蝴蝶、落皆、帕冬龙（傣名）、锅罗吉（傣名）
傣名释义：帕冬龙：指此植物的叶片（冬）大（龙），可作蔬菜（帕）；锅罗吉："吉"是烧火，所以其名是"烧树花"。
形态特征：小乔木，高 4～10 米。偶数羽状复叶，长 20～40 厘米；小叶 10～30 对，长圆形至长椭圆形。总状花序长 4～7 厘米，下垂，具 2～4 花；花大，长 7～10 厘米，在花蕾时显著呈镰状弯曲；花萼绿色，钟状；花冠白色、粉红色至玫瑰红色；雄蕊二体。荚果线形，下垂，长 20～60 厘米，开裂；种子红褐色，椭圆形至近肾形。花、果期 9 月～翌年 4 月。
分布和生境：产景洪、勐腊；栽培或逸生。云南、福建、广东等省有栽培。
食用部位：鲜花。
采集时间：9 月～翌年 4 月。
食用方法：鲜花剔除带苦味的花蕊后有多种食法：1. 洗净，焯水后炒食或是蘸佐料食用；2. 撒少许食盐、辣椒粉，抹适量食用油，放在炭火上烤熟食用；3. 还可煮汤食用。
药用价值：树皮入药，为收敛剂。
主要参考文献：[7][71][81]

酸豆（酸角） 豆科

Tamarindus indica L. Fabaceae

花的结构

『酸豆俗名酸角、酸梅，因种子富含罗望子多糖，又名“罗望子”。罗望子果胶是一种类似果胶但性能更高的食品增稠剂和稳定剂。酸豆果肉味酸甜，云南有名的“猫哆哩”酸角糕就是其果肉制成。“猫哆哩”在傣语中指充满活力的阳光男孩，“哨哆哩”则指婀娜多姿的花季少女。』

中文别名： 酸角、罗望子、酸梅、麻夯宋（傣名）
傣名释义： “夯”是酸角的傣名，其果荚（麻）味酸（宋）。
形态特征： 乔木，高 10 ～ 25 米；树皮暗灰色，不规则纵裂。偶数羽状复叶互生，小叶 10 ～ 20 对，小叶长圆形。花少数；花瓣仅后方 3 片发育，黄色或杂以紫红色条纹；花瓣倒卵形，与萼裂片近等长；能育雄蕊 3 枚。荚果圆柱状长圆形，肿胀，棕褐色，长 5 ～ 14 厘米，直或弯拱，常不规则地缢缩；种子 3 ～ 14 颗，褐色，有光泽。花期 6 ～ 8 月，果期 9 ～ 12 月。
分布和生境： 产西双版纳全州；常栽培于村寨周边、路旁。原产非洲，热带地区广泛栽培。
食用部位： 嫩茎叶、嫩果。
采集时间： 嫩茎叶：3 ～ 5 月；嫩果：8 ～ 10 月。
食用方法： 嫩茎叶与鱼类等一起煮食，是很好的酸性调料。嫩果蘸辣椒面食用或舂碎后加调料食用。
药用价值： 果入药，味甘、酸，性凉。有消暑热、化积滞的功效。用于治疗暑热食欲不振、妊娠呕吐、小儿疳积、蛔虫。
主要参考文献： [71][81][130]

腺茉莉（臭牡丹）

唇形科

Clerodendrum colebrookianum Walp.

Lamiaceae

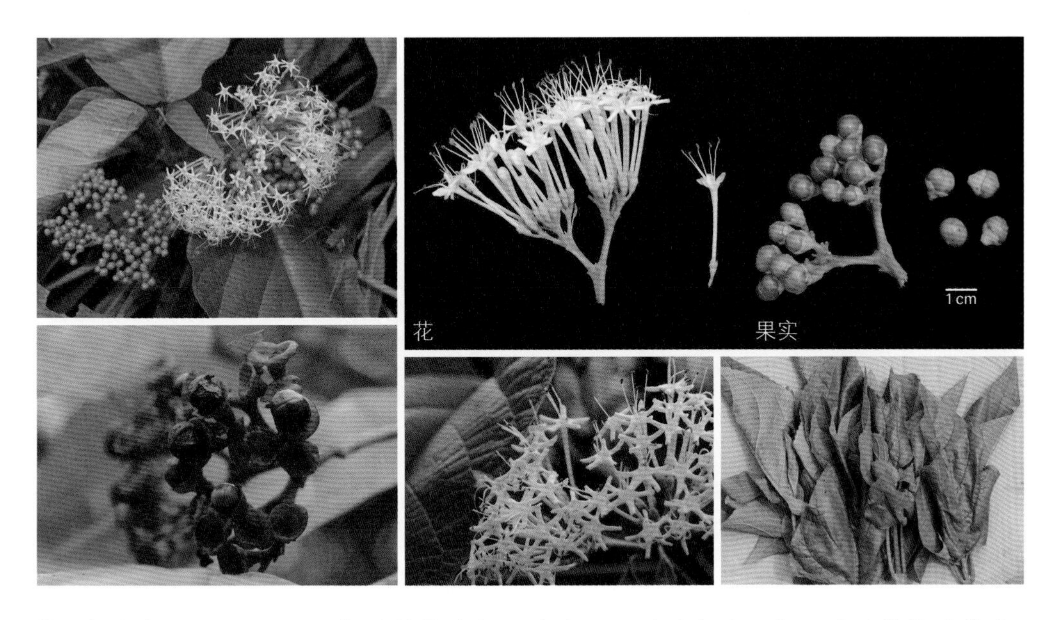

『大青属（*Clerodendrum* L.）的植物多数具有令人不悦的气味，但又多具美艳的花朵，故该属植物多以“臭牡丹”“臭茉莉”等命名。腺茉莉小花洁白，成熟果实蓝绿色，小球状，坐落在一个个小碟状的紫红色花萼上，极具园林观赏价值。其嫩茎叶可食，在开水焯熟的过程中，“臭”味弥漫，吃起来味道苦而特别。』

中文别名： 臭牡丹

形态特征： 灌木或小乔木，高 1.5 ～ 3 米，植物体除叶片外都密被黄褐色微毛。单叶对生，厚纸质，宽卵形或椭圆状心形，全缘或微呈波状，基出脉 3，脉腋有数个盘状腺体。聚伞花序顶生，花冠白色，极少为红色，顶端 5 裂，裂片长圆形，长 3 ～ 6 毫米，花冠管长 1.2 ～ 2.5 厘米，无毛。果近球形，径约 1 厘米，蓝绿色，宿存花萼碟状，紫红色。花、果期 8 ～ 12 月。

分布和生境： 产西双版纳全州；生于山坡草丛、灌丛、林缘，海拔 570 ～ 1200 米。分布于云南、广东、广西、西藏；南亚、东南亚。

食用部位： 嫩茎叶。

采集时间： 全年。

食用方法： 嫩茎叶洗净，开水焯熟后，清水漂洗，拧干水分后炒食或凉拌。

主要参考文献： [7]

赪桐（红花臭牡丹）　　唇形科

Clerodendrum japonicum (Thunb.) Sweet　　Lamiaceae

『赪桐又称状元红。西双版纳漫长的雨季，正是赪桐盛开时，其顶生圆锥花序火红鲜艳，在苍翠的雨林中格外夺目。赪桐常分布在林下或林缘，是一种优良的园林观赏植物。』

中文别名：红花臭牡丹、贞桐花、状元红、（锅）宾罗亮（傣名）

傣名释义：指此植物（锅）的花序（罗）红色（亮），其叶烘热后包敷腹部（宾）可治胃病，也是贵重（宾）的药物，又称“红灵芝”。

形态特征：灌木，高 1 ～ 4 米。叶片圆心形，顶端尖或渐尖，基部心形，边缘有疏短尖齿，背面密被锈黄色盾形腺体。2 歧聚伞花序组成顶生的圆锥花序，大而开展；花萼红色，深 5 裂；花冠红色，花冠管长 1.7 ～ 2.2 厘米，顶端 5 裂；雄蕊和花柱长约为花冠管的 3 倍。果实椭圆状球形，熟后蓝黑色，宿萼增大，向外反折呈星状。花、果期 5 ～ 11 月。

分布和生境：产西双版纳全州；生于疏林、灌丛、混交林，海拔 600 ～ 1600 米。分布于西南、华南、华东等地区；南亚、东南亚。

食用部位：鲜花。

采集时间：5 ～ 10 月。

食用方法：花序用叶子包起来烤熟，蘸盐巴、辣椒面等食用。鲜花洗净做汤，久煮，直到花完全煮软为止；也可与鸡蛋一起调匀，蒸制成蛋羹食用。

药用价值：全株入药，味甘，性温。有祛风除湿、消肿散瘀、调气的功效。用于治疗风湿骨痛、跌打肿痛、偏头痛、月经不调、痔疮等症。

主要参考文献：[71][76][81]

水香薷（水香菜）　唇形科

Elsholtzia kachinensis Prain　Lamiaceae

『唇形科香薷属（*Elsholtzia*）是东亚的香草植物“大户”。水香薷逐水而居，植株有类似薄荷的清香，别名“水薄荷”，是滇南少数民族最常食用的香料植物之一。水香薷常成片野生，南方地区有人工栽培，栽培的植株比野生的大而鲜嫩，香味也更加柔和。』

中文别名：水香菜、水薄荷、猪菜草、帕冷（傣名）
傣名释义：指此植物可作为蔬菜（帕），植株在地上爬（冷）。
形态特征：柔弱平铺草本，长 10 ～ 40 厘米。单叶对生，卵圆形或卵圆状披针形，边缘在基部以上具圆锯齿，草质，叶两面被柔毛，全面密布腺点。穗状花序于茎及枝上顶生，由具 4 ～ 6 花的轮伞花序组成，密集而偏向一侧；花冠白色至淡紫色或紫色，冠檐二唇形。雄蕊 4；雄蕊、花柱均伸出花冠。小坚果长圆形，栗色。花、果期 10 ～ 12 月。
分布和生境：产勐腊、勐海；庭园常见栽培；生于沼泽地、河边、水中。分布于西南地区和广东、广西、湖南、湖北、江西；缅甸。
食用部位：嫩苗、嫩茎叶。
采集时间：全年。
食用方法：主要生食：嫩茎叶洗净，蘸佐料食用，或佐米线、肉食等食用。也可做汤：嫩茎叶洗净，水沸时加入，调入蛋液味道尤佳。亦可做佐料与肉、鱼等同煮，味极香。
药用价值：全草入药，具祛风解表、清热解毒、止痒的功效。用于治疗风寒感冒、流行性感冒、肺炎、支气管炎、痈疮肿毒等症。
主要参考文献：[81][131]

云南石梓（酸树） 唇形科

Gmelina arborea Roxb. Lamiaceae

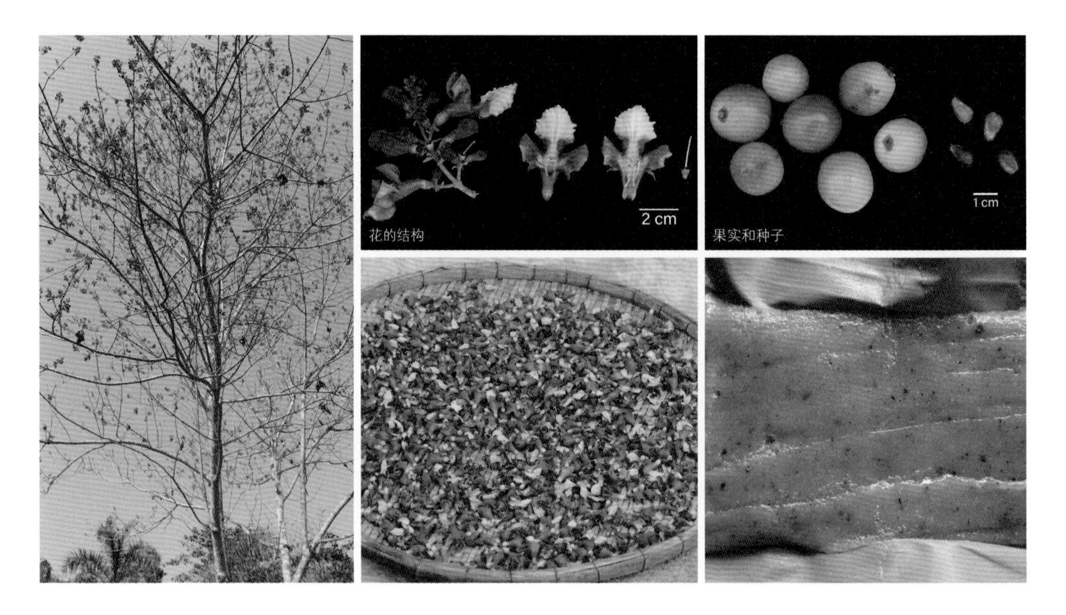

『西双版纳的少数民族喜欢用云南石梓木制成的木甑子蒸饭，炎热夏天，蒸熟的米饭数日不变味。因此，在当地，云南石梓又称“甑子木”。因其砍开的树皮具有浓烈的酸味，人们又称之为“酸树”。云南石梓为高大乔木，先花后叶，花落后才萌出新叶。用其制作傣族年糕“毫罗索”，不仅带有特殊的花香味，而且延长了保质期。』

中文别名：酸树、甑子木、罗索花、埋罗索（傣名）

傣名释义：指此植物（埋）较稀少，需要到山上寻找（索），取其花朵（罗）晒干舂碎，加入米浆做成“毫罗索”。傣医认为，其树皮入药，是“祈求（索）佛祖同意才能得到的好药”。

形态特征：落叶乔木，高达 15 米；幼枝、叶柄、叶背及花序均密被黄褐色茸毛。单叶对生，厚纸质，广卵形，近基部有 2 至数个黑色盘状腺点。聚伞花序组成顶生的圆锥花序；花冠长 3 ～ 4 厘米，黄色，二唇形，上唇全缘或 2 浅裂，下唇 3 裂；雄蕊 4，2 强。核果椭圆形或倒卵状椭圆形，成熟时黄色，常仅有 1 颗种子。花期 2 ～ 4 月，果期 5 ～ 7 月。

分布和生境：产景洪、勐腊；村寨周边有栽培；生于路边灌木丛、向阳处、山坡次生林，海拔 560 ～ 950 米。分布于云南；南亚、东南亚。

食用部位：干花。

采集时间：2 ～ 4 月。

食用方法：盛花时节，在树下捡拾落花，太阳下晒干，磨成干粉，用于制作“毫罗索”。

主要参考文献：[76][81][132]

山鸡椒（木姜子）　　樟科

Litsea cubeba (Lour.) Pers.　　Lauraceae

『樟科主产热带及亚热带地区，该科多香料植物，如月桂（香叶）、肉桂、檫木等。山鸡椒俗称木姜子、山胡椒等，是西南地区常用的佐料，带有浓郁而神秘的香气。木姜子成熟的季节，云南的菜市场常可见捆成一把把的木姜子果出售。果实如豌豆般大小，颜色碧绿。』

中文别名：山苍子、木姜子、锅沙海腾（傣名）

傣名释义：指此树（锅）生长在山上（腾），其枝叶具香茅草（沙海）香味。又认为该植物因消食、除风、散寒等效果良好而得名。

形态特征：落叶灌木或小乔木，高达 10 米。枝、叶芳香，小枝无毛。单叶互生，披针形或长圆形，纸质，羽状脉。伞形花序单生或簇生，总梗细长，长 6 ～ 10 毫米；每一花序有花 4 ～ 6 朵，花被裂片 6，宽卵形；能育雄蕊 9，花丝中下部有毛。果近球形，直径约 5 毫米，幼时绿色，成熟时黑色。花期 11 月～翌年 4 月，果期 5 ～ 9 月。

分布和生境：产西双版纳全州；生于公路边、林下、林缘，海拔 700 ～ 1900 米。分布于西南、华南、华东地区；南亚和东南亚。

食用部位：鲜果。

采集时间：5 ～ 9 月。

食用方法：鲜果捣烂，调制蘸水，用于烹调豆花、凉粉、米线等食品；也可作为调料，用来煮鱼或煮火锅，或是与牛羊肉等爆炒；还可作为腌菜或腌鱼的原料。

药用价值：全株入药，味辛、微苦，性温。有祛风散寒、理气止痛的功效。用于治疗风湿骨痛、四肢麻木、腰腿疼、跌打损伤、感冒头痛等症。

主要参考文献：[71][81][133]

香子含笑（山八角）

木兰科

Michelia hypolampra Dandy

Magnoliaceae

种子

『香子含笑是西双版纳热带雨林中的珍稀香料植物，叶片揉搓有八角香味，种子香味更为浓郁，俗称“山八角”，是西双版纳少数民族钟爱的食用香料，民族饮食文化的代表。』

中文别名：山八角、麻罕（傣名）

傣名释义：指其种子（麻）是贵如金子（罕）的药物。

形态特征：乔木，高达21米，胸径60厘米；芽、嫩叶柄、花梗、花蕾及心皮密被平伏短绢毛，其余无毛。叶揉碎有八角气味，薄革质，倒卵形或椭圆状倒卵形，长6～13厘米，宽5～5.5厘米，无毛。花蕾长圆形，长约2厘米，花梗长约1厘米，花芳香，花被片9枚，3轮；雄蕊约25枚；雌蕊群卵圆形，心皮约10枚。聚合果，蓇葖灰黑色，椭圆形，果瓣质厚，熟时向外反卷，露出白色内皮；种子1～4颗。花期3～4月，果期9～10月。

分布和生境：产景洪、勐腊；生长于季雨林中，海拔800米以下。分布于云南、广西、海南；越南。

食用部位：种子。

采集时间：9～10月。

食用方法：种子火烤，捣碎，作为肉类食品的调味剂和增香剂。

药用价值：种子有消食、健脾胃的功效。用于治疗宿食不消、胸膈脾满、不思饮食、腹胀、胃疼痛。

主要参考文献：[81][125]

木棉（攀枝花）　　锦葵科

Bombax ceiba L.　　Malvaceae

『木棉树树姿巍峨。早春 2 月，满树红花热烈开放，远观似林间浮动的片片红云。木棉花花朵硕大，一般为鲜红色，偶有令人惊艳的橘黄色。花朵边开边落，从高耸的枝头落下，触地有声。广州等地喜欢用木棉干花煲汤，滇南等地一般只食用鲜花雄蕊，其花丝富含胶质，焯水漂洗后炒食，口感滑爽。』

中文别名：英雄树、攀枝花、埋牛（傣名）
傣名释义：指这种树木（埋）的叶片掌状，五裂如手指（牛）。
形态特征：落叶大乔木，高可达 25 米，树干通常有圆锥状的粗刺。掌状复叶，小叶 5～7 片，长圆形至长圆状披针形，全缘。花大，单生于枝顶叶腋，通常红色，直径约 10 厘米；萼杯状；花瓣肉质，倒卵状长圆形，被星状柔毛；外轮雄蕊多数，集成 5 束。蒴果长圆形；种子多数，倒卵形，光滑，藏于丝状绵毛内。花期 2～3 月，果夏季成熟。
分布和生境：产景洪、勐腊；村寨周边有栽培；生于沟谷密林、石灰岩山、竹林荒地，海拔 680～1100 米。分布于西南、华南等地区；南亚、东南亚。
食用部位：鲜花。
采集时间：2～3 月。
食用方法：盛花时节捡拾新鲜落花，只取去除花药的雄蕊，洗净，焯水后捞出，清水浸泡 1～2 天，漂洗后炒食或凉拌，或晒干后炖肉。
药用价值：全株入药，味甘，性凉。有清热、利湿、解毒、止血功效。用于治疗泄泻、痢疾、慢性胃炎、胃溃疡、腰脚不遂、腿膝疼痛等症。
主要参考文献：[71][81][134][135]

柊叶

竹芋科

Phrynium rheedei Suresh & Nicolson

Marantaceae

『《植物名图实考》载有柊叶，云："草本，形如芭蕉，叶可裹粽。以包参茸等物，经久不坏。"柊叶叶片硕大，形似小芭蕉叶，气味清香，民间用来裹米棕或包物，因此又称粑粑叶、粽子叶。在西双版纳，柊叶还用来制作特色美食"毫罗索"。现代研究表明，柊叶具有良好的抗氧化和抑菌活性，在包装、药品和食品工业领域具有良好的应用前景。』

中文别名：粑粑叶、粽子叶、锅冬金（傣名）

傣名释义：傣族取这种植物（锅）的嫩叶（冬），烘烤处理后，卷草烟供吸（金）用。

形态特征：株高 1 米，根茎块状。叶基生，长圆形或长圆状披针形，两面均无毛；叶柄长达 60 厘米。头状花序直径 5 厘米，无柄，自叶鞘内生出；苞片长圆状披针形，长 2 ～ 3 厘米，紫红色；每一苞片内有花 3 对；花冠管较萼为短，紫堇色；裂片长圆状倒卵形，深红色。果梨形，具 3 棱，长 1 厘米，栗色，光亮；种子 2 ～ 3 颗。花期 5 ～ 7 月。

分布和生境：产西双版纳全州；生于江边密林、混交林、山沟，海拔 540 ～ 1550 米。分布于云南、广东、广西、福建；印度、越南。

使用部位：叶片。

采集时间：全年。

食用方法：鲜叶洗净，作为包裹粽子、"毫罗索"或其他食物的材料。

药用价值：全草入药，味甘、淡，性微寒。有清热解毒、利尿、止血、凉血的功效。用于治疗感冒高热、音哑、痢疾、血崩、口腔溃烂等症。

主要参考文献：[71][81][136][137]

蘋（四叶菜）

蘋科

Marsilea quadrifolia L.

Marsileaceae

『蘋是一种靠孢子繁殖的水生蕨类植物，其叶柄细长，叶片漂浮或挺出于水面，由4片倒三角形的小叶组成，呈十字形，形似“田”字，因此又称“田字草”。蘋常生长于乡间的河沟或水田中，嫩茎叶入菜，味道清甜柔滑，十分可口。』

中文别名：田字草、四叶菜、帕湾（傣名）

傣名释义：指此植物可作为蔬菜（帕），具有甜味（湾），意为“甜菜”。

形态特征：水生植物，根状茎纤细，横走，具分枝，茎节远离，向上发出1至数枚叶子。叶柄长5～20厘米；叶片由4片倒三角形的小叶组成，呈十字形，长宽各1～2.5厘米，外缘半圆形，基部楔形，全缘，草质。叶脉从小叶基部向上呈放射状分叉。孢子果卵形，通常1或2个簇生于叶柄基部，具约1厘米的短柄。每个孢子果内含多数孢子囊。

分布和生境：产西双版纳全州；生于水田或沟塘。分布于我国长江以南各省份；亚洲东南部、欧洲及美洲的温带和亚热带地区。

食用部位：嫩茎叶。

采集时间：全年。

食用方法：嫩茎叶洗净，炒食、凉拌或煮汤，炒食时加入豆豉味道尤佳。

药用价值：全草入药，味甘，性寒。有清热解毒、消肿利湿、止血、安神的功效。用于治疗风热目赤、神经衰弱、湿热水肿、肾炎、肝炎等症。

主要参考文献：[71][81][138]

连蕊藤（滑板菜） 防己科

Parabaena sagittata Miers Menispermaceae

『连蕊藤是防己科草质藤本植物，其嫩茎叶做菜口感滑嫩，别名“滑板菜”，在林缘、路边常见分布，四季常绿，可采集时间长，为西双版纳各民族最喜好食用的野菜之一。』

中文别名：滑板菜、帕难（傣名）
傣名释义：指该植物叶片肥厚（难），可作为蔬菜（帕）。
形态特征：草质藤本。单叶互生，纸质或干后膜质，阔卵形或长圆状卵形，顶端长渐尖，基部箭形，边缘有疏齿至粗齿，下面密被毡毛状茸毛。花序伞房状，被茸毛；雄花萼片 6，卵圆形或椭圆状卵形；花瓣 6，倒卵状楔形；雌花萼片 4，花瓣 4；心皮 3。核果近球形而稍扁，长约 8 毫米。花期 4 ～ 5 月，果期 8 ～ 9 月。
分布和生境：产西双版纳全州；生于密林中树上、山地、林缘，海拔 540 ～ 1200 米。分布于云南、贵州、西藏、广西；南亚、东南亚。
食用部位：嫩茎叶。
采集时间：2 ～ 11 月。
食用方法：嫩茎叶洗净，与豆豉、辣酱等炒食，也可做汤，还可焯水后蘸酱吃。炒熟后色泽翠绿，吃起来纤维少，口感滑嫩，略带清香。
主要参考文献：[81][139]

大果榕（木瓜榕）

桑科

Ficus auriculata Lour.

Moraceae

『西双版纳有16种榕属植物的嫩枝叶是当地十分重要的木本野生蔬菜。大果榕叶子宽大，当地人形象地称之为“大象耳朵叶”，傣族等常用其包裹豆芽、豆腐等售卖。其嫩叶富含硒元素，总酚和黄酮类物质含量较高，具有较强的抗氧化活性，是当地常食的榕属野菜之一。大果榕雌雄异株，成熟雌果个大、多汁，味甜可食。』

中文别名：木瓜榕、馒头果、大象耳朵叶、锅埋呼仗（傣名）

傣名释义：指此植物（锅埋）的叶片大，而形状如大象的耳朵（呼仗），意为“象耳树”。

形态特征：乔木，高4～10米。单叶互生，厚纸质，广卵状心形，长15～55厘米，宽15～27厘米，先端钝，具短尖，基部心形，边缘具整齐细锯齿。雌雄异株，榕果簇生于树干基部或老茎短枝上，梨形或扁球形至陀螺形，直径3～6厘米，具明显的纵棱8～12条，红褐色；雄花和瘿花同生于一榕果内。花期8月～翌年3月，果期5～8月。

分布和生境：产西双版纳全州；庭园常见栽培；生于沟底密林、水边林下，海拔570～1550米。分布于云南、四川、贵州、广东、广西、海南；南亚、东南亚。

食用部位：果实、嫩茎叶。

采集时间：果实：5～8月；嫩茎叶：全年。

食用方法：果实：1. 嫩果洗净，蘸蘸水食用；2. 八成熟的果实，去皮和种子，切细，水洗，拌大米或玉米一起煮熟食用；3. 嫩果用盐水浸泡，腌酸后食用。嫩茎叶：洗净，切碎，与番茄或酸笋烩炒，鲜嫩可口；亦可与其他野菜煮汤食用。

药用价值：果实入药，味甘，性微温。有催乳、补气、生血的功效。主治产妇气虚无乳，肺虚气喘。

主要参考文献：[58][81][140][141][142]

硬皮榕（厚皮榕）　　桑科

Ficus callosa Willd.　　Moraceae

『硬皮榕叶子革质，嫩枝叶手感粗糙，但水煮很容易煮透，入口易化，味道清香略带苦涩，是西双版纳各民族最喜爱的木本野菜之一。』

中文别名：厚皮榕、锅帕勒难（傣名）
傣名释义：指此树（锅）的嫩枝叶可作蔬菜（帕），而叶片厚（勒难）而硬。
形态特征：乔木，高 25 ～ 35 米。单叶互生，革质，广椭圆形或卵状椭圆形，全缘；叶柄长 3 ～ 9 厘米；托叶卵状披针形，被柔毛。榕果单生或成对生叶腋，梨状椭圆形，成熟时黄色；雄花两型，散生榕果内壁或近口部，花被片 3 ～ 5，匙形；瘿花和雌花相似，花被下部合生，上部 3 ～ 5 深裂，花柱侧生，柱头深 2 裂；瘿花柱头极短。瘦果倒卵圆形。花期 9 ～ 10 月。
分布和生境：产景洪、勐腊；庭园常见栽培；生于林内、林缘，海拔 600 ～ 800 米。分布于云南、广东；南亚、东南亚。
食用部位：嫩茎叶。
采集时间：全年，以 3 ～ 5 月为佳。
食用方法：嫩茎叶洗净，放入沸水煮透，捞出沥干水分，再入锅加辣椒、蒜瓣等爆炒，炒匀装盘，即可食用。亦可加入肉汤中煮熟食用。
主要参考文献：[58][81][141][143]

白肉榕（大甜菜）

桑科

Ficus vasculosa Wall. ex Miq.

Moraceae

果实

『白肉榕的叶脉明显，侧脉在叶子两面均凸起，故又名“突脉榕”。其嫩茎叶食用口感好，味道清甜，傣族又称之为“大甜菜”，是当地最常食用的几种榕属植物之一。』

中文别名：突脉榕、大甜菜

形态特征：乔木，高 10 ～ 15 米。单叶互生，革质，椭圆形至长椭圆状披针形，全缘或不规则分裂，侧脉 10 ～ 12 对，两面凸起，网脉在表面甚明显。雌雄同株，榕果球形，直径 7 ～ 10 毫米，基部缢缩为短柄；雄花少数，生内壁近口部；瘿花和雌花多数，有柄或无柄。榕果成熟时黄色或黄红色。瘦果光滑，通常在顶一侧有龙骨。花、果期 5 ～ 7 月。

分布和生境：产景洪、勐腊；生于路边、沟谷、望天树林，海拔 670 ～ 900 米。分布于云南、贵州、广东、广西、海南；东南亚。

食用部位：嫩茎叶。

采集时间：3 ～ 5 月。

食用方法：嫩茎叶洗净，直接炒食或做汤，口感柔嫩，略带甜味。

主要参考文献：[144]

黄葛树（酸苞菜）　　桑科

Ficus virens Aiton　　Moraceae

『黄葛树又称“酸苞菜”，膜质托叶与肉类同煮食用，味道尤其酸爽，肉香而不腻。黄葛树的萌发力强，一年中可采集时间长，是西双版纳少数民族庭园引种栽培最多、食用最广泛的榕属植物。』

中文别名： 酸苞菜、绿黄葛树、帕办（傣名）
傣名释义： 指此树木的嫩叶薄（办），可作蔬菜（帕）。
形态特征： 落叶或半落叶乔木，有板根或支柱根，幼时附生。单叶互生，坚纸质，光滑无毛，卵状披针形至椭圆状卵形，全缘，侧脉 7 ～ 10 对，新生叶红色；托叶披针状卵形，粉红色，先端急尖，长可达 10 厘米。榕果单生或成对腋生或簇生于已落叶枝叶腋，球形，直径 7 ～ 12 毫米，成熟时紫红色。雄花、瘿花、雌花生于同一榕果内。瘦果表面有皱纹。花期 4 ～ 8 月。
分布和生境： 产西双版纳全州；庭园常见栽培；生于河边、疏林、宅旁，海拔 750 ～ 1400 米。分布于西南、华南、华中地区；南亚、东南亚、澳大利亚。
食用部位： 嫩茎叶。
采集时间： 2 ～ 6 月。
食用方法： 嫩茎叶洗净，开水烫煮，去除涩味，沥干水分后炒食。酸苞叶煮汤，先将番茄或腊肉等炒出香味，加水适量，待水沸时加入，煮透即可食用。亦可加入肉汤中煮熟食用。
药用价值： 根及树皮入药，味苦、酸，性温。有祛风、除湿、通络、消肿的功效。用于治疗风湿痹痛、四肢麻木、跌打损伤、疥藓。
主要参考文献： [62][71][81]

芭蕉　　　　芭蕉科

Musa spp.　　　　Musaceae

『芭蕉花是云南少数民族食花文化的代表之一，常指芭蕉（*Musa basjoo*）和小果野蕉（*M. acuminata*）的花序，其中小果野蕉的花序味道尤为鲜美。假茎和嫩叶也可入馔。此外，芭蕉叶是不可多得的天然餐食用具，傣族饮食中包烧、包蒸的做法多用到芭蕉叶，著名的“毫罗索”也常以芭蕉叶为包裹材料。』

中文别名：锅贵腾（傣名）
傣名释义：指此种芭蕉（锅贵）是野生的，分布在山上（腾），意为“野芭蕉”。
形态特征：多年生丛生草本，具根茎，多次结实。假茎全由叶鞘层层紧密重叠而组成，真茎在开花前短小。叶大型，叶片长圆形，叶柄伸长，且在下部增大成抱茎的叶鞘。花序直立，下垂或半下垂，绿色、褐色、红色或暗紫色，每一苞片内有花 1 或 2 列，下部苞片内的花在功能上为雌花，上部苞片内的花为雄花。子房下位，3 室。浆果伸长，肉质。
分布和生境：产西双版纳全州；常种植于村边、田野。亚洲热带和亚热带地区广泛栽培。
食用部位：花序、芭蕉心（假茎）、嫩叶。
采集时间：全年。
食用方法：花序：剥除外面老的苞片，剩下的层层打开，切碎或掰碎，用盐水浸泡后反复揉捏，漂洗，挤掉涩水，就可用来炒食、做汤等，或是佐以各种调料包烧、包蒸。芭蕉心（假茎）：芭蕉心柔嫩白润，将其切丝，清水洗去黏丝，再与其他食材炖煮，甜嫩可口。芭蕉叶：嫩芭蕉叶可炒食或腌酸后食用。
药用价值：全株入药，可解热、利尿。主治水肿、肛胀、脑溢血、感冒、胃痛及腹痛等症。
主要参考文献：[49][81][70]

鼓槌石斛　兰科

Dendrobium chrysotoxum Lindl.　Orchidaceae

『鼓槌石斛常附生于雨林中具粗糙树皮的大乔木上，是构成热带雨林“空中花园”景观的成员之一。茎膨胀成纺锤状，形如击鼓的“槌”，故而得名。鼓槌石斛的花朵金黄艳丽，稍带香气，花量大，观赏价值极高。其花和茎都可作为饮品、食品和药品，有较高的开发价值。』

中文别名： 金弓石斛、罗满亥（傣名）
傣名释义： 指其花（罗）颜色如蛋黄（满亥），意为“蛋黄花”。
形态特征： 附生草本，茎直立，肉质，纺锤形，具 2 ～ 5 节间，具多数圆钝的条棱，近顶端具 2 ～ 5 枚叶。单叶互生，革质。总状花序近茎顶端发出，长达 20 厘米；花质地厚，金黄色，稍带香气；中萼片长圆形，具 7 条脉；花瓣倒卵形，具约 10 条脉；唇瓣近肾状圆形，边缘波状，上面密被短茸毛；蕊柱长约 5 毫米；药帽淡黄色，尖塔状。花期 3 ～ 5 月。
分布和生境： 产西双版纳全州；生于山顶、密林向阳处、季雨林，海拔 520 ～ 1400 米。分布于云南；印度、东南亚。
食用部位： 嫩茎、鲜花。
采集时间： 嫩茎：全年；鲜花：3 ～ 5 月。
食用方法： 嫩茎：生吃；鲜花：生吃，或与肉类等煲汤，或熬粥食用。
药用价值： 茎入药，具养阴生津、止渴、润肺之功效。用于治疗热病伤津、口干烦渴、病后虚热等症。
主要参考文献： [81][145]

守宫木（甜菜）　叶下珠科

Sauropus androgynus (L.) Merr.　Phyllanthaceae

『守宫木为叶下珠科常绿小灌木，花单性，腋生，下垂，掩藏在片片绿叶下面；蒴果扁球状，初为淡绿色，成熟时乳白色，顶部冠以红色花萼，果实下垂，似枝干上悬挂的一盏盏精致的小灯笼，颇为有趣。守宫木叶嫩，纤维少，口感柔滑，稍带清甜味，西双版纳等地称之为"甜菜"。』

中文别名：甜菜、树仔菜、帕湾（傣名）
傣名释义：指其嫩枝叶做蔬菜（帕）用，味甘甜（湾），意为"甜菜"。
形态特征：灌木，高 1 ～ 3 米，全株均无毛。单叶互生，全缘，叶片近膜质或薄纸质，卵状披针形或长圆状披针形。雄花 1 ～ 2 朵腋生，花盘浅盘状，6 浅裂；雄蕊 3；雌花常单生于叶腋，花萼 6 深裂，倒卵形，无花盘；雌蕊扁球状，子房 3 室，花柱 3，顶端 2 裂。蒴果扁球状或圆球状，乳白色，宿存花萼红色；种子 3 棱状，黑色。花期 4 ～ 7 月，果期 7 ～ 12 月。
分布和生境：西双版纳全州广泛栽培，常栽种于庭园、田野。分布于云南、广东、广西、海南；南亚、东南亚。
食用部位：嫩茎叶。
采集时间：全年，雨季 5 ～ 10 月生长快，采集量大。
食用方法：嫩茎叶炒食或做汤。最常见的做法是煮汤，或与其他野菜混合做"杂菜汤"。
药用价值：根入药，有清热解毒、消肿定痛的功效。用于治疗小便不利、尿血。
主要参考文献：[71][81][146][147]

黄花胡椒（野芦子）

胡椒科

Piper flaviflorum C. DC.

Piperaceae

中文别名：野芦子、黄花野蒌、嘿沙干（傣名）

傣名释义：指此植物（嘿）入药，含易于散发（沙干）的物质，据说"可治愈任何病症"。

形态特征：攀缘藤本，长达 10 米，茎具膨大节。单叶互生，椭圆形或卵状长圆形，长 13 ～ 18 厘米，宽 4 ～ 8.5 厘米，顶端渐尖，基部钝，两侧不等，叶脉 7 条，网状脉明显。穗状花序与叶对生，单性，雌雄异株，花黄色。雄花序纤细，花期长 14 ～ 21 厘米；雌花序长 10 ～ 14 厘米，近果成熟期长可达 18 厘米。浆果球形，黄色，直径达 4 毫米。花期 11 月～翌年 4 月。

分布和生境：产西双版纳全州；生于山谷、山坡林中，常攀缘于大树上，海拔 540 ～ 1200 米。云南特产。

食用部位：老茎、嫩尖。

采集时间：全年。

食用方法：老茎去皮，切成小片，与其他蔬菜或肉类等煮熟食用。嫩尖味辣，常用作佐料。

药用价值：藤蔓药用，具有温通气血、散寒止痛、止痒等功效。民间用来治疗癣病、痛经、脘腹胀痛等症。

主要参考文献：[7][81][148]

麻根

胡椒科

Piper magen B. Q. Cheng ex C. L. Long & Jun Yang

Piperaceae

『麻根的植株具有“扑鼻香气”，是西双版纳傣族、基诺族和哈尼族非常喜欢的一种香料植物。麻根常借不定根攀缘于石灰岩或大乔木上，因生境特殊，加之采伐严重，在野外极为少见，为珍稀香料植物。』

形态特征：木质攀缘藤本。老茎木质，无毛，具多条栓质化翅。单叶互生，异形叶性。幼年期叶心形，掌状叶脉 5 ～ 7 条；主脉在叶面呈灰白色。成年期叶绿色，膜质或纸质，椭圆形或卵形，羽状叶脉 7 ～ 9 条。花单性，雌雄异株，穗状花序与叶对生。雄花序长 3.5 ～ 8 厘米，雄蕊 3 枚。雌花序长 2 ～ 5 厘米，柱头 3 ～ 4。浆果球形。花期 4 ～ 6 月，果期 7 ～ 9 月。

分布和生境：产勐腊；生于热带山地雨林干燥阴凉处、攀缘于岩石上，海拔约 1500 米。西双版纳特产。

食用部位：茎、叶。

采集时间：全年。

食用方法：采集鲜叶或茎干，舂碎后可调制蘸水，或是作为烧烤、腌肉等的调料。

假蒟（毕拨菜）

胡椒科

Piper sarmentosum Roxb.

Piperaceae

『假蒟俗名“荜拔菜”“野胡椒”，与著名的香料植物胡椒（*Piper nigrum*）为近缘种。假蒟叶碧绿光亮，有一种特异的香味。其嫩茎叶口感鲜嫩，是我国南方尤其是华南一带广为使用的美味香料植物，广东人称之为“蛤蒌叶”。假蒟叶煎肉是傣族美食之一。』

中文别名：蛤蒌、野胡椒、荜拔菜、芽帕些（傣名）

傣名释义：指此草本植物（芽）的嫩叶用于做菜汤（帕些），意为“汤菜”。

形态特征：多年生匍匐草本。单叶互生，薄纸质，有细腺点，下部叶阔卵形或近圆形，顶端短尖，基部心形或截平，上部叶小，卵形或卵状披针形；基出脉 7，干时呈苍白色。花单性，雌雄异株，聚集成与叶对生的穗状花序。雄花序长 1.5 ～ 2 厘米，直径 2 ～ 3 毫米；雌花序长 6 ～ 8 毫米，于果期稍延长。浆果近球形。花期 4 ～ 11 月。

分布和生境：产西双版纳全州；庭园常见栽培；生于石灰岩山雨林、疏林、灌丛中，海拔 600 ～ 1000 米。分布于云南、贵州、西藏、广西等地；印度、东南亚。

食用部位：嫩茎叶。

采集时间：全年。

食用方法：生食：嫩茎叶洗净，蘸喃咪等食用。熟食：新鲜叶子挂蛋液油煎，或切碎后与鸡蛋炒食，亦可用其包裹肉馅等油煎；还可以用来爆炒、红烧、干煸或煲煮各类肉品。

药用价值：全草入药，味辛、苦，性温。有祛风利湿、行气活血、消肿止痛、消滞化痰的功效。用于治疗跌打损伤、风湿痛、胃腹寒痛、腹胀、风寒咳嗽等症。

主要参考文献：[71][81][149]

大叶石龙尾（水八角）

车前科

Limnophila rugosa (Roth) Merr.

Plantaginaceae

『大叶石龙尾为湿生草本，喜生于山谷、草地等潮湿处，其茎叶揉搓有浓郁的八角气味，别名“水八角”，为西双版纳傣族和基诺族常用香料植物之一。水八角叶片柔嫩，纤维少，香味也极为温和，无论是拌凉菜、烧汤，还是作为香料腌制肉类都很美味。』

中文别名：水八角、野八角、水荆芥

形态特征：多年生草本，具横走而多须根的根茎。茎略呈四方形，无毛。单叶对生，卵形至椭圆形状卵形，先端钝，基部下延至柄，具细锯齿，羽状脉，叶面皱纹明显，密被淡肉色斑点。花无梗，聚集成头状；花冠紫红色或蓝色，长可达16毫米，喉部黄色，上唇圆形，全缘或具齿，下唇3裂，裂片圆形。蒴果，卵球形。花、果期8～11月。

分布和生境：产景洪、勐腊；庭园有栽培；生于沼泽地、溪畔林缘、荒地，海拔680～900米。分布于云南、广东、广西、福建、台湾等地；日本、南亚、东南亚。

食用部位：嫩茎叶。

采集时间：全年。

食用方法：西双版纳傣族和基诺族常取鲜茎叶，或鲜茎叶风干磨成的粉，作肉食品、腌渍品的调味香料。鲜茎叶还可拌凉菜，或与其他菜一起煮熟食用。

药用价值：全草入药，味辛，性平。有清热解表、祛风除湿、止咳止痛之功效。用于治疗感冒、咽喉肿痛、肺热咳嗽、支气管炎、胃痛等症。

主要参考文献：[71][149]

香糯竹（糯米饭竹）

禾本科

Cephalostachyum pergracile Munro

Poaceae

『香糯竹常被用于制作西双版纳的特色美食竹筒饭，因此又称“糯米饭竹”。其竹节长30～45厘米，直径6厘米左右，内膜白色，清香，最适宜制作竹筒饭。香糯竹特有的香竹黄酮具有抗衰老、美容养颜等保健功效。』

中文别名：香竹、糯米饭竹、糯竹、埋毫滥（傣名）

傣名释义：傣族用此种竹子（埋）的竹筒装糯米、加水，放在火上烧烤（滥）煮成竹筒饭（毫）而得名。

形态特征：秆高9～12米，径5～7.5厘米，节间长30～45厘米，幼时密被贴生白色刺毛。秆箨迟落，短于节间，箨鞘厚革质，背面有光泽，密被黑色刺毛，脱落后栗棕色；箨耳皱折，近圆形，边缘具卷曲长毛；箨舌极低，全缘或微具齿：箨叶外反或稍外展，卵形或心形，腹面密被茸毛，基部两侧与箨耳相连。叶狭披针形，质薄。花枝无叶。小穗长1.2～2厘米，花药成熟时紫色；柱头3。

分布和生境：西双版纳有成片纯林分布，栽培也甚广。分布于云南；缅甸。

使用部位：竹竿节间。

采集时间：全年。

食用方法：竹节洗净，填入泡好的糯米、花生等食材，用芭蕉叶等将竹筒口封严，放炭火上烤熟。劈开竹筒，竹子的内膜将米饭紧紧裹住，食之香软可口，带有竹之清香。

主要参考文献：[68][81]

香茅（香茅草） 禾本科

Cymbopogon citratus (DC.) Stapf Poaceae

『香茅的茎叶可提取柠檬香精油，香味清新宜人，因而又名“柠檬草”。用来烹制肉类等能去腥增香，增强食欲，香茅草烤鸡、香茅草烤鱼是傣味招牌美食。在东南亚地区，各类咖喱或冬阴功汤等都离不开香茅草，一些冷饮甜品中也常会加入香茅草。美中不足的是，香茅草叶质硬且粗糙，口感不好，用其烹制食物，一般只取其香，而不直接入口。』

中文别名：香茅草、柠檬草、沙海（傣名）

傣名释义：指此种植物具挥发性物质（沙），可作药用，“解除、化去”（海）各种疾病。也因叶片具有特殊的香味，可用以除去（沙海）各种食物的异味而得名。

形态特征：多年生密丛型具香味草本植物。秆高达 2 米，粗壮，节下被白色蜡粉。叶鞘无毛，叶舌质厚；叶片宽线形，长 30 ～ 90 厘米，宽 5 ～ 15 毫米，顶端长渐尖，四面粗糙。伪圆锥花序具多次复合分枝，长约 50 厘米，疏散；总状花序成对着生于总梗上，其下托以舟形佛焰苞。颖果。花、果期夏季，少见有开花者。

分布和生境：西双版纳全州广泛栽培；常栽种于庭园、田野。热带地区广泛栽培。

食用部位：茎干、叶片。

采集时间：全年。

食用方法：烧烤时，用香茅草捆住鸡、鱼或五花肉等，放在炭火上烤熟。煮火锅或煮肉类时放入少许香茅草同煮，可去腥增香。

药用价值：全草入药，味辛，性温。有祛风除湿、消肿止疼的功效。用于治疗风湿痛、腹痛、胃痛、脚气、月经不调、跌打瘀滞等症。

主要参考文献：[71][81]

野龙竹

禾本科

Dendrocalamus hamiltonii Nees & Arn. ex Munro

Poaceae

中文别名：野竹、山黄竹、甜笋竹

形态特征：秆高 12 ～ 18 米，径 9 ～ 13 厘米，节间长 30 ～ 50 厘米。箨鞘早落性，革质，背面被微毛和稀疏易脱落刺毛；箨耳缺；箨舌高 1 毫米，具波状齿裂；箨片直立，长 3 ～ 7 厘米，腹面贴生刺毛。小枝具 9 ～ 12 叶；叶鞘背面贴生淡黄色刺毛，无叶耳和鞘口繸毛，叶舌高 1.5 ～ 2 毫米；大叶长达 38 厘米，宽 7 厘米。花枝的节间长 2 ～ 4 厘米，每节丛生 10 ～ 25 枚假小穗；含 2 ～ 4 朵能孕小花。

分布和生境：产勐海、勐腊；生于林中，海拔 620 ～ 1000 米。分布于云南、广东；不丹、印度、老挝、缅甸、尼泊尔。

食用部位：鲜笋。

食用方法：野龙竹的鲜笋主要用来腌制酸笋，或是烤制干笋。酸笋炒肉、酸笋煮鱼等，风味独特。

主要参考文献：[151][153]

版纳甜龙竹（甜竹）

禾本科

Dendrocalamus parishii Munro

Poaceae

『每年7～9月，正值西双版纳的雨季，雨林郁郁葱葱，植物生长旺盛。此时到西双版纳旅游，最不可错过的一种美味食材就是版纳甜龙竹，它与勃氏甜龙竹、马来甜龙竹并称世界三大著名甜笋竹。其笋体洁白粗大，笋味甘甜，肉质细嫩，生熟均可食用，俗名"甜竹"。甜竹营养丰富，富含氨基酸和矿物质，甜笋炖鸡、甜笋炖排骨等味道鲜美，是代表性的傣族美食。』

中文别名： 甜竹、甜龙竹、埋湾（傣名）

傣名释义： 指此竹子（埋）的竹笋甜（湾），其义与中文名相同。

形态特征： 秆高10米，直径10厘米。秆箨未能见到。叶鞘无毛，无叶耳，叶舌显著，高2毫米；叶片长17厘米，宽3厘米，无毛。花枝无叶；小穗卵圆形，长1.3厘米，宽5毫米，略扁，紫褐色，近于无毛，含2或3朵小花；颖1或2片，先端具小尖头；柱头1或有时可裂为2枝。笋期6～9月。

分布和生境： 产勐海、勐腊；村寨周边、庭园常见栽培。分布于云南；印度、巴基斯坦。

食用部位： 鲜笋。

采集时间： 云南南部地区每年的7～8月为采集盛期。

食用方法： 鲜笋切片或切丝，素炒或与猪肉等同炒，笋味甘甜。也可切块炖汤。或烤熟，蘸喃咪等食用。还可腌酸食用。

主要参考文献： [81][152][153]

单穗大节竹（苦笋） 禾本科

Indosasa singulispicula T.H. Wen Poaceae

『每年 2 ～ 5 月，正值西双版纳的旱季，此时，多种苦味的笋类纷纷破土而出，如版纳茶秆竹（班竹）、单穗大节竹（苦笋）等。苦笋味苦清凉，是傣族最喜欢食用的苦味竹笋之一。』

中文别名：苦笋、埋烘（傣名）、埋尚荒（傣名）

傣名释义：指此竹子（埋）的秆和笋较粗大（烘）；此种黄竹（埋尚）具香（荒）味。

形态特征：秆高 6 米，直径 2 ～ 3 厘米，节间长 35 ～ 40 厘米，秆环隆起凸出，节下具白粉环。秆箨脱落性，箨鞘外表面被棕褐色脱落性刺毛，基底密生紫棕色髯毛；箨耳镰刀状，被紫褐色粗毛，边缘具棕色繸毛，箨舌被白粉，略隆起，先端具紫色纤毛；箨片狭披针形，直立。分枝 3，开展，小枝具 5 ～ 7 叶，叶鞘表面无毛，边缘有纤毛；叶耳发达，呈镰刀状，边缘有直立繸毛；叶舌略隆起；叶片阔披针形至长椭圆形，长 13 ～ 27 厘米，宽 2.2 ～ 3 厘米。花序顶生或侧生，仅具 1 小穗。小穗被白粉；颖片 2；小花 8 ～ 13 枚；鳞被 3；雄蕊 6；子房卵状无毛，柱头 3 裂，羽毛状。笋期 3 ～ 5 月。

分布和生境：产景洪、勐腊；生长于林下、山坡或箐沟，也常栽培于村寨周边、田边或庭园。分布于云南南部。

食用部位：鲜笋。

采集时间：3 ～ 4 月为采集盛期。

食用方法：鲜笋蒸熟后蘸喃咪等食用，或焯水后与苦子果（水茄）等炒食，也可凉拌。

药用价值：茎叶入药，味辛，性凉，具清热豁喉、定惊安神之功效。

主要参考文献：[81][154]

版纳茶秆竹（班竹） 禾本科

Pseudosasa xishuangbannaensis D.Z. Li, Y.X. Zhang & Triplett Poaceae

中文别名：班竹、埋良（傣名）
傣名释义：指此竹子（埋）的竹秆和笋细小（良）。
形态特征：秆高 1.5 ～ 2 米，直径 0.5 ～ 1.2 厘米。节间长 25 ～ 40 厘米，节下具白粉环。节明显，具 3 分枝，基部贴秆。秆箨脱落性，箨鞘基部具有稠密刚毛，边缘具纤毛；箨耳小，镰刀形，缝毛较少；箨舌截形。末级小枝具 3 ～ 5 叶；叶鞘光滑，边缘具纤毛；叶耳圆形或镰刀形或缺失，缝毛较少；叶舌截形；叶片卵形至披针形，长 10 ～ 22 厘米，宽 1 ～ 4 厘米，基部楔形，背面具毛。圆锥花序，小穗几个至多数；小花 10 ～ 14 个；雄蕊 3；花柱 1，柱头 3 裂，羽毛状。笋期 4 ～ 5 月。
分布和生境：产景洪、勐腊等地；生长于林下或路边。西双版纳特产。
食用部位：鲜笋。
采集时间：4 ～ 5 月为采集盛期。
食用方法：鲜笋蒸熟后蘸喃咪食用，或焯水后与苦子果（水茄）等炒食，也可凉拌。
主要参考文献：[155]

粽叶芦（扫帚草） 禾本科

Thysanolaena latifolia (Roxb. ex Hornem.) Honda Poaceae

『每年端午，包粽子是我国南方多地的传统习俗。粽叶芦叶宽质韧，最适宜用来包粽子，制成的粽子香软可口。现代研究表明，粽叶芦具有良好的抗氧化和抑菌活性，在包装、医药和食品工业领域有良好的应用前景。』

中文别名：粽叶草、扫帚草、锅迁又（傣名）
傣名释义：指此种植物（锅）的花序被用于制作扫把（迁又）。
形态特征：多年生丛生草本。秆高 2 ～ 3 米，直立粗壮，不分枝。叶鞘无毛；叶舌长 1 ～ 2 毫米，质硬，截平；叶片披针形，长 20 ～ 50 厘米，宽 3 ～ 8 厘米，具横脉，顶端渐尖，基部心形，具柄。圆锥花序大型，柔软，长达 50 厘米，分枝多。颖果长圆形，长约 0.5 毫米。一年有春夏和秋季两次花、果期。
分布和生境：产景洪、勐腊；生于路边、阳处山坡、草地，海拔 570 ～ 650 米。分布于云南、台湾、海南、贵州、广东、广西；南亚、东南亚。
食用部位：嫩茎、花芽。
采集时间：嫩茎：全年；花芽：春夏和秋季。
食用方法：嫩茎或花芽生食或焯水后蘸蘸水食用。嫩茎口感似鲜笋。
药用价值：根及嫩茎入药，味甘，性温。有清热解毒、生津、止渴的功效。用于治疗疟疾、咳嗽平喘等症。
主要参考文献：[71][81][137]

金荞麦（野荞麦） 蓼科

Fagopyrum dibotrys (D. Don) H. Hara Polygonaceae

『金荞麦为荞麦属多年生草本，萌发力强，一年四季均可采食，是一种比较常见的野菜。其嫩茎叶味道微酸，口感柔嫩。』

中文别名： 野荞麦、苦荞头、帕崩宋（傣名）
傣名释义： 此种蔬菜（帕）的茎干中空（崩），味酸（宋）。
形态特征： 多年生草本，高 50 ～ 100 厘米。叶三角形，顶端渐尖，基部近戟形，全缘；托叶鞘筒状，膜质，褐色，长 5 ～ 10 毫米，偏斜，顶端截形，无缘毛。花序伞房状，顶生或腋生；苞片卵状披针形，每苞内具 2 ～ 4 花；花梗中部具关节；花被 5 深裂，白色；雄蕊 8，比花被短，花柱 3，柱头头状。瘦果宽卵形，具 3 锐棱。花期 4 ～ 10 月，果期 5 ～ 11 月。
分布和生境： 产西双版纳全州；庭园有栽培；生于沟边、河边、山谷林下，海拔 650 ～ 1200 米。分布于西南、华南、华中、华东等地。
食用部位： 嫩茎叶。
采集时间： 全年。
食用方法： 嫩茎叶洗净，焯水，沥干水分，炒食或做汤。
药用价值： 全草入药，味涩、微辛，性凉。有清热解毒、排脓消肿、祛风化湿的功效。用于治疗肺脓疡、咽炎、扁桃体炎、痢疾、无名肿痛等症。
主要参考文献： [71][81][156]

水蓼（辣蓼） 蓼科

Polygonum hydropiper L. Polygonaceae

『水蓼喜生于溪边、沼泽等潮湿处。花小，粉红色，花被片具透明腺点，茎叶揉搓有浓郁辛香味是其关键识别特征。水蓼味道辛辣芳香，又名“辣蓼”“香柳”，在胡椒传入前是我国古代常用的调味剂。在追求“绿色”健康生活的今天，水蓼在云南仍广为使用。』

中文别名：辣蓼、蓼芽菜、香柳、帕撇喃（傣名）

傣名释义：指此种植物（帕）生长在湿地（喃），枝叶具辣味（撇），作佐料用。

形态特征：一年生草本，高 40 ～ 70 厘米。茎直立，多分枝，节部膨大。单叶互生，披针形或椭圆状披针形，全缘，具缘毛，两面无毛，被褐色小点，具辛辣味；托叶鞘筒状，顶端截形，具短缘毛。总状花序呈穗状，长 3 ～ 8 厘米，通常下垂；苞片漏斗状，每苞内具 3 ～ 5 花；花被 5 深裂，白色或淡红色，被黄褐色透明腺点。瘦果卵形，黑褐色。花期 5 ～ 9 月，果期 6 ～ 10 月。

分布和生境：产西双版纳全州；庭园常见栽培；生于低山林缘、山地雨林、灌木丛，海拔 580 ～ 1700 米。分布于我国南北各省份；亚洲、欧洲及北美。

食用部位：嫩茎叶。

采集时间：全年，以春夏季为宜。

食用方法：嫩茎叶洗净，切碎，与蒜泥、辣椒粉等调制成风味独特的蘸水。煮鱼或牛羊肉时放入水蓼，能去除腥味，使汤味鲜可口。

药用价值：全草入药，味辛、酸，性温。有化湿、行滞、祛风、消肿的功效。用于治疗痧秽腹痛、吐泻转筋、泄泻、痢疾、风湿、跌打损伤等症。

主要参考文献：[71][81][157]

鸭舌草　　雨久花科

Monochoria vaginalis (Burm. f.) C. Presl ex Kunth　　Pontederiaceae

中文别名：鹅子草、鸭子菜、帕景（傣名）

傣名释义：帕景，此植物可作为蔬菜（帕），它的根茎向四周爬开（景）。

形态特征：水生草本，高 12 ～ 50 厘米，全株光滑无毛。单叶，基生和茎生，心状宽卵形、长卵形或披针形，全缘，具弧状脉；叶柄长 10 ～ 20 厘米，基部扩大成开裂的鞘。总状花序从叶柄中部抽出；花序梗短，花通常 3 ～ 5 朵，蓝色；花被片卵状披针形或长圆形，长 10 ～ 15 毫米；雄蕊 6 枚。蒴果卵形至长圆形，种子多数。花期 8 ～ 9 月，果期 9 ～ 10 月。

分布和生境：产西双版纳全州；生于水沟、水中、沼泽地，海拔 950 ～ 1750 米。广泛分布于全国；亚洲、非洲、澳大利亚。

食用部位：嫩茎叶。

采集时间：全年。

食用方法：嫩茎叶炒食。

药用价值：全草入药，味苦，性寒，无毒。有清热解毒、利尿的功效。用于治疗痢疾、肠炎、齿龈脓肿、急性扁桃体炎、喉痛、小儿高热等症。

主要参考文献：[7][71][81]

马齿苋（长命菜）　　马齿苋科

Portulaca oleracea L.　　Portulacaceae

『马齿苋生命力极强，田间、路旁常见分布。叶肉质，明代李时珍称“其叶比并如马齿，而性滑利似苋”，简单道出了其名字的来历。水焯去除部分酸味，吃起来别有滋味。』

中文别名：长命菜、瓜子菜、帕拔凉（傣名）

傣名释义：指此植物植于旱地（凉），可作为蔬菜（帕拔），据说是治肺病的好药。

形态特征：一年生草本，全株无毛。茎平卧或斜倚，多分枝，长10～15厘米。单叶互生，有时近对生，叶片扁平，肥厚，倒卵形，似马齿状，顶端圆钝或平截，基部楔形，全缘。花无梗，直径4～5毫米，常3～5朵簇生枝端；花瓣5，稀4，黄色，倒卵形；雄蕊通常8；柱头4～6裂，线形。蒴果卵球形，长约5毫米，盖裂；种子细小，多数。花期5～8月，果期6～9月。

分布和生境：产勐腊、勐海；生于草地、溪边荒地，海拔570～1250米。我国南北各地均产；全世界温带和热带地区广布。

食用部位：嫩茎叶。

采集时间：全年。

食用方法：嫩茎叶洗净，焯水，沥干水分，炒食、凉拌或煮汤；亦可焯水后晾至半干，炒食或作馅；或晾至全干，长期存放，随吃随取。

药用价值：全草入药，味微辛、酸，性寒。有清热解毒、止痢、止血的功效。用于治疗痈肿恶疮、乳腺炎、阑尾炎、肠炎、痢疾、急性关节炎、尿路感染等症。

主要参考文献：[71][81][158]

酸苔菜　报春花科

Ardisia solanacea Roxb.　Primulaceae

『酸苔菜为紫金牛属小乔木，在当地森林中常见分布。每年3～5月，枝头新萌出的嫩枝叶呈漂亮的粉红色，此时最宜采摘，是傣族经常食用的自带酸味的野生蔬菜之一。』

中文别名：锅累（傣名）
傣名释义：指此植物（锅）的果子圆而小（累）。
形态特征：灌木或乔木，高6米以上，无毛。单叶互生，坚纸质，椭圆状披针形或倒披针形，顶端急尖、钝或近圆形，基部急尖或狭窄下延，侧脉约20对。复总状花序或总状花序，腋生，总梗长5～14厘米，粗壮，花长约1厘米，花瓣粉红色，宽卵形，具密腺点。子房球形，具密腺点。果扁球形，紫红色或带黑色，密布腺点。花期2～3月，果期8～11月。
分布和生境：产西双版纳全州；庭园有栽培；生于路旁灌木丛、疏林、常绿阔叶林，海拔480～1900米。分布于云南、广西；印度、尼泊尔、新加坡、斯里兰卡。
食用部位：嫩茎叶。
采集时间：3～5月。
食用方法：生食：嫩茎叶洗净，蘸佐料食用，或用嫩叶包裹熟肉食用。凉拌：嫩茎叶用开水烫软，漂洗后凉拌食用。腌制：嫩茎叶用开水烫过后放凉，放入坛子中腌制。
主要参考文献：[7][81]

白花酸藤果（碎米果） 报春花科

Embelia ribes Burm. f. Primulaceae

中文别名：碎米果、嘿麻桂郎（傣名）

傣名释义：此植物（嘿）的果子状如番石榴（麻桂），成熟时呈紫黑色（郎）。

形态特征：攀缘灌木或藤本，枝条无毛，老枝有明显的皮孔。单叶互生，坚纸质，倒卵状椭圆形或长圆状椭圆形，顶端钝渐尖，基部楔形或圆形，全缘，两面无毛，背面有时被薄粉。顶生圆锥花序，长 10 ～ 15 厘米；花 5 数，稀 4 数；花瓣淡绿色或白色，分离，椭圆形或长圆形。果球形或卵形，直径 3 ～ 4 毫米，红色或深紫色。花期 1 ～ 7 月，果期 5 ～ 12 月。

分布和生境：产西双版纳全州；生于疏林、林下水边、山坡，海拔 600 ～ 1900 米。分布于云南、贵州、广东、广西等地；南亚、东南亚。

食用部位：嫩茎叶。

采集时间：全年。

食用方法：嫩茎叶洗净，生食或用来煮鱼或鸡，味鲜且稍有酸味，风味极佳。

药用价值：根入药，用于治疗急性肠胃炎、赤白痢、腹泻、刀枪伤、外伤出血、蛇咬伤。

主要参考文献：[71][81][159]

云南移𣐿（酸移𣐿） 蔷薇科

Docynia delavayi (Franch.) C.K. Schneid. Rosaceae

幼果，又称移𣐿芽

『云南移𣐿果实形似小苹果，味道酸涩，富含多酚、粗蛋白、氨基酸及多种微量元素。除直接食用外，已经开发出多种产品，如移𣐿果脯、移𣐿果酱、移𣐿酒等。』

中文别名：酸移𣐿、小木瓜、麻过缅（傣名）
傣名释义：指它是生长在高海拔处（过缅）的果树（麻）。
形态特征：乔木，高 3 ～ 10 米。叶片披针形或卵状披针形，全缘或稍有浅钝齿，上面无毛，深绿色，革质，下面密被黄白色茸毛。花 3 ～ 5 朵，丛生于小枝顶端；花直径 2.5 ～ 3 厘米；萼筒钟状，外面密被黄白色茸毛；花瓣白色；雄蕊 40 ～ 45；花柱 5。果实卵形或长圆形，直径 2 ～ 3 厘米，黄色，通常有长果梗，萼片宿存。花期 3 ～ 4 月，果期 5 ～ 6 月。
分布和生境：产西双版纳全州；生于宅旁、山谷疏林，海拔 450 ～ 1800 米。分布于云南、贵州、四川。
食用部位：幼果（移𣐿芽）、成熟果实。
采集时间：5 ～ 10 月。
食用方法：成熟果实直接蘸盐巴、辣椒面生食，或腌酸后食用。果实切片后凉拌食用，或是与其他食材一起舂碎后，加辣椒面等调味料凉拌食用。
药用价值：茎皮及叶入药，味酸涩，性凉。治烧伤烫伤、骨折。
主要参考文献：[71][81][160]

竹叶花椒（野花椒）

芸香科

Zanthoxylum armatum DC.

Rutaceae

中文别名： 狗椒、野花椒、嘿麻尕（傣名）

傣名释义： 指此植物（嘿）的果穗（麻）下垂（尕）。

形态特征： 落叶小乔木，高 3 ～ 5 米；茎枝多锐刺。奇数羽状复叶互生；叶轴、叶柄具翼，翼宽 4 ～ 8 毫米；小叶 2 ～ 4 对，对生，叶片纸质，披针形或为椭圆状披针形，两面无毛，边缘具细小的圆锯齿。聚伞圆锥花序生于叶腋内或生于小枝顶端，花枝开展，花小，淡黄绿色，花被片 6 ～ 8 片；果紫红色，有少数微凸起的油点；种子卵形，黑色发亮。花期 4 ～ 5 月，果期 8 ～ 10 月。

分布和生境： 产勐腊；庭园常见栽培；生于石灰岩山、路边、山坡，海拔 600 ～ 1250 米。分布于西南、华南、华中、华东等地；东亚、南亚、东南亚。

食用部位： 嫩茎叶、果实。

采集时间： 嫩茎叶：全年；果实：8 ～ 10 月。

食用方法： 嫩茎叶洗净，油炸、凉拌或蘸酱食用，或切碎与牛肉、鱼等一起煮食，去腥增香。果实可作花椒替代品。

药用价值： 全株入药，味辛、微苦，性温。有温中理气、祛风除湿、活血止痛、解毒的功效。用于胃腹冷痛、感冒头痛、风寒咳喘、毒蛇咬伤等。

主要参考文献： [71][81][161]

毛大叶臭花椒（麻欠）　芸香科

Zanthoxylum myriacanthum var. *pubescens* (C.C. Huang) C.C. Huang　Rutaceae

『毛大叶臭花椒俗名“麻欠”，是西双版纳特有植物，民间偶见栽培。其叶与果皮有浓烈的柠檬香气，是当地独具特色的食用香料。成熟果实去籽舂细，用作香料，比普通花椒更香，且带有天然柠檬香，为当地少数民族所钟爱。』

中文别名：炸辣、麻欠（傣名）
傣名释义：指此植物的果子（麻）具有很浓（欠）的麻辣味。
形态特征：落叶乔木，高达 15 米；花序轴及小枝顶部有较多劲直锐刺；叶轴、小叶柄、小叶两面及花序轴均被长柔毛。奇数羽状复叶，互生；小叶 7 ～ 17 片，对生，宽卵形或卵状椭圆形，油点多且大，叶缘有圆裂齿。花序顶生，长达 35 厘米，宽 30 厘米，多花。分果瓣红褐色，径约 4.5 毫米，油点多。花期 6 ～ 8 月，果期 9 ～ 11 月。
分布和生境：产景洪、勐腊；村寨周边偶见栽培；生于村边、疏林或密林，海拔 1400 米。西双版纳特产。
食用部位：果实。
采集时间：9 ～ 12 月。
食用方法：果实作为调味香料，主要用于烧烤、腌肉、煮鱼或做汤。
药用价值：全株入药，味辛、苦。有祛风除湿、活血散瘀、消肿止痛的功效，治多类痛症。
主要参考文献：[49][75][81]

蕺菜（鱼腥草）

三白草科

Houttuynia cordata Thunb.

Saururaceae

『蕺菜为我国西南地区常食的野生蔬菜，入口有鱼腥味，别名“鱼腥草”“折耳根”。其特殊的味道往往让初食者浅尝辄止，而喜欢的人则甘之若饴。最常食用的是其白色的根状茎，切细调制成蘸水，佐豆腐、米线等同食，是西南地区常见的吃法。』

中文别名：鱼腥草、折耳根、帕号短（傣名）

傣名释义：指此植物的嫩枝叶可作为蔬菜（帕），具腥味（号），而叶背呈古铜色（短）。

形态特征：一年生或多年生草本，高 30 ～ 60 厘米；根状茎白色，节上轮生须根。单叶互生，薄纸质，卵形或阔卵形，顶端短渐尖，基部心形；有腺点，背面尤甚；叶脉 5 ～ 7 条。穗状花序长约 2 厘米，花序基部有 4 或 5 片白色花瓣状的总苞片；总花梗长 1.5 ～ 3 厘米，无毛；雄蕊 3 枚。蒴果顶端具宿存的花柱。花期 4 ～ 9 月，果期 6 ～ 10 月。

分布和生境：产西双版纳全州；庭园常见栽培；生于沼泽地、沟边、常绿阔叶林，海拔 550 ～ 1500 米。分布于西南、华南、华中、华东等地；亚洲东部和东南部广布。

食用部位：嫩茎叶、根状茎。

采集时间：全年。

食用方法：生食：嫩茎叶或根状茎洗净，加佐料凉拌食用。熟食：根状茎切段，与腊肉等同炒。腌制：根状茎腌制成腌菜食用。

药用价值：全草入药，味辛，性凉，有小毒。有清热解毒、利水消肿的功效。用于治疗扁桃体炎、肺脓疡、肺炎、尿路感染、肾炎水肿、肠炎痢疾等症。

主要参考文献：[71][81][162]

少花龙葵（苦凉菜）

茄科

Solanum americanum Mill.

Solanaceae

『少花龙葵为茄科一年生草本，在次生林缘、荒地、田野等处常见分布，资源量大。其嫩茎叶入菜，味道微苦回甘，性清凉，又名“苦凉菜”，是云南南部民族最常食用的野菜之一，当地菜市场一年四季可见售卖。』

中文别名：苦凉菜、白花菜、痣草、帕笠（傣名）
傣名释义：指此种植物（帕）能祛除风寒（笠）。
形态特征：纤弱草本，高约 1 米。单叶互生，膜质，卵形至卵状长圆形，叶近全缘，波状或有不规则的粗齿。花序近伞形，1 ～ 6 花，腋外生，总花梗长 1 ～ 2 厘米，花梗长 5 ～ 8 毫米，花小，白色，直径约 7 毫米；雄蕊 5，着生于花冠筒喉部。浆果球状，直径约 5 毫米，成熟后黑色；种子近卵形，两侧压扁。几乎全年开花结果。
分布和生境：产西双版纳全州；庭园常见栽培；生于林中、菜地、路边，海拔 650 ～ 900 米。世界热带和温带地区广布。
食用部位：嫩茎叶。
采集时间：全年。
食用方法：单独做汤，也可做“苦凉菜蛋花汤”，或与其他野菜一起做杂菜汤。亦可炒食或焯水后凉拌。
药用价值：全草入药，味微苦，性寒。有清热解毒、利尿、散血、消肿的功效。治痢疾、淋病、目赤、喉痛、疔疮。
主要参考文献：[71][81][165][166]

树番茄

茄科

Solanum betaceum Cav.

Solanaceae

『树番茄顾名思义，长成树状的番茄。它与我们日常所食的番茄属于茄科不同的属，形态上很好区分。树番茄为小乔木，单叶，花朵粉红色，浆果卵形，如鸡蛋大小，这些特征都与番茄不同，但果实有浓浓的番茄味。树番茄原产美洲，适宜在热带生长，果实可作水果鲜食，或制作当地的特色蘸料。』

中文别名：缅茄

形态特征：小乔木，高达 3 米；枝粗壮，密生短柔毛。单叶互生，卵状心形，顶端短渐尖或急尖，基部偏斜，全缘或微波状。2 ～ 3 歧分枝蝎尾式聚伞花序，近腋生或腋外生；花冠辐状，粉红色，直径 1.5 ～ 2 厘米，深 5 裂，裂片披针形。果实卵状，多汁液，长 5 ～ 7 厘米，光滑，橘黄色或带红色。种子圆盘形，周围有狭翼。全年可开花结果。

分布和生境：产景洪、勐腊；庭园栽培。原产美洲，世界热带和亚热带地区有栽培。

食用部位：成熟果实。

采集时间：全年。

食用方法：果实作水果鲜食，酸香爽口。成熟果实在炭火上烘烤或开水中煮至皮微皱，去皮，捣碎后加入其他调料，当凉菜食用或当蘸水佐餐食用。还可将成熟果实剁碎，拌以各种调料，腌制食用。

药用价值：果实入药，味甘，性平。健脾益胃，治纳呆、形瘦。

主要参考文献：[71][163][164]

茄

茄科

Solanum melongena L.

Solanaceae

『茄（茄子）是餐桌上常出现的，品种繁多，形态颜色多样，长的、圆的、大的、小的、紫的、白的……让人眼花缭乱。除了市面上常见的各种栽培茄子，傣族常吃两种半野生状态的茄子，果实圆形或卵圆形，直径约 4 厘米，幼果都具有绿白相间的条纹。』

中文别名：茄子、矮瓜、麻克（傣名）
傣名释义："麻克"是傣族对茄类植物的统称。
形态特征：草本或亚灌木状，高达 1 米。小枝、叶、叶柄、花梗、花萼、花冠、子房顶端及花柱中下部均被星状毛。单叶互生，卵形或长圆状卵形，长 6 ～ 18 厘米，宽 5 ～ 11 厘米，先端钝，基部不对称，浅波状或深波状圆裂。能孕花单生，花后常下垂；花萼近钟形，裂片披针形，花冠辐状，直径 3 ～ 5 厘米，裂片三角形，长约 1 厘米，裂片内面先端疏被星状毛。果形状大小变异极大，色泽多样。
分布和生境：西双版纳全州广泛栽培，常栽种于庭园、田野。我国及其他国家广泛栽培。
食用部位：果实。
采集时间：全年。
食用方法：食用方法多样，可炒、煎、炸、炖等。当地常见的两种半野生茄子，一般采集幼嫩果实，整个果连同宿萼一起烤熟或煮熟后蘸佐料食用。
药用价值：根入药，味甘，性平。有散瘀、消肿、止痛的功效。用于治疗关节肿痛、冻疮。
主要参考文献：[71][81]

旋花茄

茄科

Solanum spirale Roxb.

Solanaceae

『旋花茄在傣族庭园常见栽培，为当地居民常食的野菜之一，味道较苦，久食方能习惯。嫩叶裹鸡蛋液油炸是最常见的食用方法。』

中文别名：理肺散、白条花、帕笠（傣名）

傣名释义：指此种植物（帕）能祛除风寒（笠）。

形态特征：直立灌木，高 0.5 ～ 3 米，光滑无毛。单叶互生，椭圆状披针形，全缘或略波状，侧脉 5 ～ 8 条；叶柄长 2 ～ 3 厘米。聚伞花序螺旋状，对叶生或腋外生，总花梗长 3 ～ 12 毫米，花柄细长，达 2 厘米；萼杯状，5 浅裂，花冠白色，冠檐长 6 ～ 7 毫米，5 深裂。浆果球形，橘黄色，直径 7 ～ 8 毫米；种子多数，压扁。花期 5 ～ 7 月，果期 6 ～ 12 月。

分布和生境：产西双版纳全州；庭园常见栽培；生于路边、荒地灌木丛，海拔 540 ～ 1700 米。分布于云南、贵州、西藏、广西、湖南；印度、缅甸、泰国、越南、澳大利亚。

食用部位：嫩茎叶。

采集时间：全年。

食用方法：嫩叶洗净，裹鸡蛋液油炸食用。

药用价值：全株入药，味苦，性寒。有清热解毒、健胃利湿之功效。用于热浊腹泻、赤痢、小便急痛、感冒发烧、喉痛、疮疡肿毒、疟疾。

主要参考文献：[71][81][167]

水茄（苦子果）

茄科

Solanum torvum Sw.

Solanaceae

『水茄俗名“苦子果”，入口味道微苦，之后又有丝丝回甘，是当地人餐桌上最常见的野生蔬菜，也是品尝傣味美食不可错过的一道特色菜品。水茄原产美洲，适宜在热带生长，如今已经在云南、广东等地安家落户。』

中文别名：苦子果、乌凉、麻王发（傣名）
傣名释义：指此种植物（麻）生长在水边（王），而果子朝天（发）。
形态特征：灌木，高 1 ～ 3 米，小枝、叶下、叶柄及花序柄均被尘土色分枝星状毛。小枝疏具皮刺。叶单生或双生，卵形至椭圆形，两侧不相等，裂片通常 5 ～ 7。伞房花序腋外生，2 ～ 3 歧，毛被厚；花白色；花冠辐形，直径约 1.5 厘米，冠檐长约 1.5 厘米，5 裂。成熟浆果黄色，光滑无毛，圆球形，直径 1 ～ 1.5 厘米。全年均开花结果。
分布和生境：产西双版纳全州，逸为野生；村寨周边、庭园常见栽培；生于路旁、荒地、灌木丛，海拔 570 ～ 2000 米。原产加勒比海地区，热带地区广泛分布。
食用部位：嫩果。
采集时间：全年。
食用方法：嫩果煮熟，舂制成泥，加佐料调制成下饭菜，或火烤、蒸熟后凉拌食用。也可配以姜蒜，热油炸熟，加少许食盐和醋食用。或切碎，加酸笋或牛肉等炒熟食用。
药用价值：根入药，味淡、微辛，性微凉，有小毒。有散瘀、通经、消肿、止痛、止咳的功效。用于治疗外伤瘀痛、腰肌劳损、胃痛、牙痛等症。
主要参考文献：[71][81][168][169]

刺天茄（细苦子） 茄科

Solanum violaceum Ortega Solanaceae

中文别名：细苦子、袖扣果、歌温喝、傻里布（傣名）
形态特征：多枝灌木，通常高 1.5 ～ 2 米，小枝，叶下面、叶柄、花序均密被具柄的星状茸毛。单叶互生，卵形，边缘 5 ～ 7 深裂或波状浅圆裂。蝎尾状花序腋外生；花蓝紫色，直径约 2 厘米；花冠辐状，冠檐长约 1.3 厘米，先端深 5 裂。浆果球形，光亮，成熟时橙红色，直径约 1 厘米。种子淡黄色。全年开花结果。
分布和生境：产西双版纳全州；村寨周边有栽培；生于路边、荒地，海拔 800 ～ 1750 米。热带亚洲广布。
食用部位：果实。
采集时间：全年。
食用方法：果实炒食，或炖肉食用。
药用价值：全草入药，味微苦，性凉，有小毒。有解毒消肿、散瘀止痛的功效。用于治疗扁桃体炎、咽喉炎、牙痛、胃痛、跌打损伤、风湿疼痛。
主要参考文献：[71][81][170]

普洱茶（大叶茶） 山茶科

Camellia sinensis var. *assamica* (J.W. Mast.) Kitam. Theaceae

『普洱茶又名“大叶茶”“苦茶”等，在西双版纳全州低、中山地带广泛栽培。勐海、景洪中山常绿阔叶林中尚保存有野生普洱茶大茶树，为国家二级保护植物。』

中文别名：大叶茶、苦茶、锅腊龙（傣名）

傣名释义：傣族称包括茶在内的饮料为“腊”，茶树为“锅腊”，而把大叶茶称为“腊龙”，意为“大茶树”。

形态特征：大乔木，高达16米，胸径90厘米，嫩枝有微毛，顶芽有白柔毛。单叶互生，薄革质，椭圆形，先端锐尖，基部楔形，叶缘有细锯齿。花腋生，直径2.5～3厘米。萼片5，近圆形。花瓣6～7片，倒卵形。雄蕊多数离生。子房3室，被白色茸毛，子房先端无毛。蒴果扁三角球形，直径约2厘米，3爿裂。种子近圆形，直径1厘米。花期12月～翌年2月，果期8～10月。

分布和生境：产西双版纳全州；生于阴湿地、斜坡，海拔550～1800米。分布于云南、广东、广西、海南；老挝、缅甸、泰国、越南。

食用部位：嫩茎叶。

采集时间：3～8月，以春季为宜。

食用方法：鲜茶叶与鸡蛋炒食，或是制作茶叶粉蒸肉，味道清香、微苦解腻。傣族和布朗族把鲜茶叶放入竹筒中发酵变酸后食用。基诺族还将鲜茶叶做汤食用。

药用价值：叶入药，味苦、涩，性寒。有消肉食、逐风痰、泄热、解毒、生津、止渴的功效。治痧气腹痛、干霍乱、痢疾。

主要参考文献：[7][71][81]

白粉藤（粉藤） 葡萄科

Cissus repens Lam. Vitaceae

『白粉藤为葡萄科草质藤本，因茎干常被一层白粉而得名。其嫩茎叶味酸，常用来煮鱼或与其他食材一起制作包烧。白粉藤在当地少数民族庭园中常见栽培，是优良的围篱植物，既可绿化庭园又可随手采摘入馔，一举两得。』

中文别名：粉藤、鸡心藤、嘿宋些（傣名）

傣名释义：指此藤本植物（嘿）的枝叶表面具白粉（些），其味酸（宋）。

形态特征：草质藤本，无毛。小枝圆柱形，有纵棱纹，常被白粉。卷须 2 叉分枝，相隔 2 节间断与叶对生。单叶互生，心状卵圆形，边缘每侧有 9 ～ 12 个细锐锯齿；基出脉 3 ～ 5；托叶褐色，膜质，肾形。伞形花序顶生或与叶对生；萼杯形，边缘全缘或呈波状；花瓣 4；雄蕊 4；花盘明显，微 4 裂。果实倒卵圆形，有种子 1 颗。花期 7 ～ 10 月，果期 11 月～翌年 5 月。

分布和生境：产景洪、勐腊；庭园常见栽培；生于林缘、疏林，海拔 700 ～ 1400 米。分布于云南、广东、广西、贵州、台湾；南亚、东南亚、澳大利亚。

食用部位：嫩茎叶。

采集时间：全年。

食用方法：嫩茎叶味酸，与鱼等一起煮食，去腥开胃，还可与其他食材一起制作包烧。

药用价值：全株入药，味微辛，性平。有清热解毒、散结、行血、祛风活络的功效。用于治疗颈淋巴结核、腰肌劳损、风湿骨痛、疮疡肿毒、毒蛇咬伤等。

主要参考文献：[71][81][171]

红豆蔻

姜科

Alpinia galanga (L.) Willd.

Zingiberaceae

『通常说的豆蔻有草豆蔻、白豆蔻、红豆蔻，还有舶来品肉豆蔻。红豆蔻的成熟果实长圆形，中间稍缢缩，颜色深红，形如古人衣服上的布纽扣。唐代诗人杜牧有诗云“娉娉袅袅十三余，豆蔻梢头二月初”，用豆蔻形容十三四岁的少女。诗中所指的是何种植物，至今尚无定论，但这个比喻流传下来，“豆蔻年华”被用来指年轻的女子。』

中文别名：大高良姜、廉姜、贺嘎撇（傣名）
傣名释义：指此种植物（贺嘎）的根具有辣味（撇）。
形态特征：株高达 2 米；根茎块状，稍有香气。叶片长圆形或披针形，长 25 ～ 35 厘米，宽 6 ～ 10 厘米；叶舌近圆形，长约 5 毫米。圆锥花序密生多花，长 20 ～ 30 厘米，每一分枝上有花 3 ～ 6 朵；花绿白色；萼筒状，长 6 ～ 10 毫米，果时宿存；唇瓣倒卵状匙形，长达 2 厘米，白色而有红线条，深 2 裂。果长圆形，熟时棕色或枣红色，内有种子 3 ～ 6 颗。花期 5 ～ 8 月，果期 9 ～ 11 月。
分布和生境：产西双版纳全州；村寨中有栽培；生于山坡、林中，海拔 800 ～ 1200 米。分布于云南、广东、广西、海南、福建、台湾；印度、东南亚。
食用部位：嫩茎、嫩花序。
采集时间：嫩茎：3 ～ 4 月；嫩花序：5 ～ 8 月。
食用方法：嫩茎水煮后，蘸酱吃；嫩花序舂细，拌佐料生食。味道辛辣并有浓烈香气。
药用价值：果实入药，味辛，性温，有燥湿散寒、健脾消食的功用。根茎入药，味辛，性热，有散寒、暖胃、止痛的功效，用于治疗脘腹冷痛、食积胀满、泄泻等症。
主要参考文献：[7][71][81]

九翅豆蔻

姜科

Amomum maximum Roxb.

Zingiberaceae

『豆蔻属是姜科的第二大属，全世界约有150种，主要分布在热带亚洲和大洋洲，我国产39种，西双版纳就产18种。九翅豆蔻的花序自根状茎发出，穗状花序近球形，每个花序的花朵众多，从外到内呈环状次第开放，似地面开出的一圈美丽花环，也似女王头上佩戴的圣洁王冠，被称为“雨林皇后”。其蒴果具明显的9翅，故名九翅豆蔻。』

中文别名：贺姑（傣名）

傣名释义：指此种植物的块根（贺）粗大（姑）。

形态特征：株高2～3米。叶片长椭圆形或长圆形，长30～90厘米，宽10～20厘米，叶面无毛，叶背及叶柄均被白绿色柔毛。穗状花序近圆球形，直径约5厘米；花冠白色；唇瓣卵圆形，长约3.5厘米，全缘，顶端稍反卷，白色，中脉两侧黄色，基部两侧有红色条纹。蒴果卵圆形，成熟时紫绿色，3裂，果皮具明显的9翅，顶具宿萼；种子多数，芳香。花期5～6月，果期6～8月。

分布和生境：产西双版纳全州；庭园有栽培；生于山坡、林中坡地、常绿阔叶林，海拔1000～1900米。分布于云南、广东、广西、西藏；印度尼西亚。

食用部位：花、果实、嫩茎心。

采集时间：花：5～6月；果实：6～8月。

食用方法：嫩茎心和嫩花序：开水焯熟后，蘸番茄酱食用。嫩花序或果序：舂烂后与大米一同煮粥食用。成熟果实：可作为水果食用，甜而微酸，香味浓郁而独特。

药用价值：果实入药，具开胃、消食、行气、止痛之功效。

主要参考文献：[7][47][71][81]

姜黄

姜科

Curcuma longa L.

Zingiberaceae

『姜黄为多年生草本植物，穗状花序圆柱状，苞片白色，边缘染淡红晕，花冠淡黄色，在硕大的绿色叶片衬托下，极为美丽，可栽培供观赏。其肉质根茎橙黄色，味道极香。』

中文别名：郁金、黄姜、毫命、晚勒（傣名）
傣名释义：毫命指此植物的根茎状如米虫（毫命）；晚勒指此植物的生命力强（晚），其根茎黄色（勒），可作为染料。
形态特征：株高1～1.5米，根茎发达，椭圆形或圆柱状，橙黄色，极香。叶每株5～7片，叶片长圆形或椭圆形，两面均无毛。花葶由叶鞘内抽出，穗状花序圆柱状，长12～18厘米，直径4～9厘米；苞片卵形或长圆形，长3～5厘米，淡绿色，顶端钝，上部苞片较狭，白色，边缘染淡红晕；花冠淡黄色；唇瓣倒卵形，淡黄色。花期7～8月。
分布和生境：产西双版纳全州；庭园有栽培；生于沟谷林、季雨林，海拔750～1250米。分布于云南、四川、西藏、台湾、广东、广西、福建；热带亚洲广泛栽培。
食用部位：花序、根茎。
采集时间：花序：7～8月；根茎：全年。
食用方法：花序洗净，稍用刀划开，撒少许食盐，文火上烤熟即可食用，味道清香可口。根茎可提取姜黄粉，用于配制咖喱粉、调味料等。
药用价值：块根入药，味辛苦，性寒。有行气解郁、破瘀止痛的功效。用于治疗胸腹胀痛、肝胃气痛、食欲不振、癫痫惊狂、热病神昏及湿热黄疸等症。
主要参考文献：[71][81][172][173]

圆瓣姜

姜科

Zingiber orbiculatum S.Q. Tong

Zingiberaceae

『圆瓣姜为多年生草本植物，叶片在茎干上呈两行排列，叶片基部密被红色斑点，是其显著的识别特征。该种只分布于西双版纳，是地地道道的特产。其嫩茎心清脆多汁，可直接生吃，滋味脆爽。』

形态特征：直立草本，高 1.4 ～ 3.2 米。叶片狭披针形，两面无毛；无柄，主脉基部膨大，且基部两侧密被红色斑点；叶舌长，先端近截形，绿白色，无毛。穗状花序卵形或头状，红色；花冠除顶部红色外，其余白色；唇瓣圆形，白色，无毛，中裂片近半圆形，侧裂片耳形。蒴果三棱状长圆形；种子倒卵形，黑色，包以白色膜质假种皮。花期 7 月，果期 10 月。

分布和生境：产勐腊；生于坡地向阳处、林下、林缘，海拔 580 ～ 620 米。西双版纳特产。

食用部位：嫩茎。

采集时间：3 ～ 8 月。

食用方法：嫩苗剔除叶鞘，取白色嫩茎，直接生吃，或是焯水后蘸蘸水食用，亦可炒食。

主要参考文献：[7]

红球姜

姜科

Zingiber zerumbet (L.) Roscoe ex Sm.

Zingiberaceae

『红球姜为多年生草本植物，花期 7～9 月，花序球果状，初时淡绿色，渐渐由绿变红，犹如地面抽出的一支支红色火炬，鲜艳夺目，具有较好的观赏价值，同时可作为切花材料。』

中文别名：（锅）补累腾（傣名）
傣名释义：此野姜（锅补累）生长在山上（腾）。
形态特征：根茎块状，株高 0.6～2 米。叶片披针形至长圆状披针形，无毛或背面被疏长柔毛；叶舌长 1.5～2 厘米。总花梗长 10～30 厘米，花序球果状，长 6～15 厘米，宽 3.5～5 厘米；苞片覆瓦状排列，紧密，近圆形，长 2～3.5 厘米，初时淡绿色，后变红色；花冠管长 2～3 厘米，淡黄色；唇瓣淡黄色。蒴果椭圆形，种子黑色。花期 7～9 月，果期 10 月。
分布和生境：产西双版纳全州；生于竹林、山坡、常绿阔叶林，海拔 800～1600 米。分布于云南、广东、广西、台湾；印度、东南亚。
食用部位：嫩茎叶、嫩花序。
采集时间：嫩茎叶：4～6 月；嫩花序：7～9 月。
食用方法：嫩花序或嫩茎叶切食，炒肉；嫩花序烤食。
药用价值：根茎入药，味辛，性温。有祛瘀消肿、解毒止痛的功效。用于治疗腹痛、腹泻、食滞，也可解毒。
主要参考文献：[7][71][81]

参考文献

[1] 张雪松，张立亚，文莲莲，等，2019. 中国古代蔬菜品种及其现代的开发利用 [J]. 蔬菜，(10)：36–40.

[2] 汪兴汉，2002. 野生蔬菜的开发与利用 [M]. 北京：中国农业出版社 .

[3] 敖特根白音，李运起，韩艳华，等，2015. 我国野生蔬菜资源的开发与利用现状 [J]. 河北农业科学，2015：92–96.

[4] 赵金光，韦旭斌，郭文场，2004. 中国野菜 [M]. 长春：吉林科学技术出版社 .

[5] 张卫明，肖正春，张广伦，2009. 我国野生蔬菜资源的开发利用研究 [J]. 中国野生植物资源，28(3)：4–8.

[6] 张洒洒，王昊，朱燕云，等，2018. 我国野生蔬菜资源及其开发利用潜力研究 [J]. 北方园艺，2018：177–184.

[7] 许又凯，刘宏茂，2002. 中国云南热带野生蔬菜 [M]. 北京：科学出版社 .

[8] 许又凯，2004. 臭菜营养成分分析及作为特色蔬菜的评价 [J]. 广西植物，24(1)：12–16.

[9] 刘胤璇，2016. 滇南地区 13 种野生蔬菜营养价值及食品安全评估 [D]. 云南大学 .

[10] 李海涛，葛翎，段国梅，等，2020. 马齿苋的化学成分及药理活性研究进展 [J]. 中国野生植物资源，39(6)：43–47.

[11] 陆晓珊，林也，唐琳，等，2021. 鱼腥草的化学成分与安全性研究进展 [J]. 中华中医药学刊，39(3)：144–147.

[12] 段秀俊，王科，刘培，等，2019. 委陵菜 HPLC 指纹图谱及多指标含量测定研究 [J]. 中草药，50(20)：5054–5059.

[13] 陈启鑫，2019. 中药车前草的研究进展 [J]. 中西医结合心血管病电子杂志，7(25)：151–152.

[14] 杨敏杰，龚亚菊，张丽琴，等，2004. 云南野生蔬菜资源调查研究 [J]. 西南农业学报，17(1)：90–96.

[15] 鲍晓华，潘思铁，董玄，2011. 云南省野生蔬菜利用现状分析 [J]. 中国林副特产，(1)：83–85.

[16] 赵俊，木万福，杨龙，等，2013. 云南民族特色野生食用蔬菜 [J]. 中国蔬菜，(13)：13–15.

[17] 许又凯，刘宏茂，陶国达，2002. 西双版纳野生蔬菜资源的特点及开发建议 [J]. 广西植物，22(3)：220–224.

[18] 许建初，1988. 西双版纳傣族的传统野生蔬菜 [J]. 中国野生植物，1988(4)：27–28.

[19] 张小萍，吴兆录，李圆，等，2004. 西双版纳纳板河流域自然保护区野生蔬菜资源调查 [J]. 西南林学院学报，24(3)：21–24.

[20] 郭凤根，王仕玉，张应华，2000. 西双版纳的野生蔬菜资源 [J]. 中国野生植物资源，19(3)：31–32.

[21] 西双版纳傣族自治州人民政府，2005. 西双版纳傣族自治州统计年鉴 [M].

[22] Gentry AH, 1988. Tree species richness of upper Amazonian forests[J]. *Proceedings of the National Academy of Sciences*, USA，85(1)：156–159.

[23] Corlett RT，2014. *The Ecology of Tropical East Asia*[M]. New York：Oxford University Press.

[24] 刘隆，胡桐元，杨毓才，1990. 西双版纳国土经济考察报告 [M]. 昆明：云南人民出版社 .

[25] 朱华，王洪，李保贵，等，2015. 西双版纳森林植被研究 [J]. 植物科学学报，33(5)：641–726.

[26] 徐永椿，姜汉侨，1987. 西双版纳自然保护区综合考察报告集 [M]. 昆明：云南科技出版社 .

[27] 吴征镒，朱彦丞，1987. 云南植被 [M]. 北京：科学出版社 .

[28] 朱华，2005. 滇南热带季雨林的一些问题讨论 [J]. 植物生态学报，29(1)：170–174.

[29] 朱华，2007. 论滇南西双版纳的森林植被分类 [J]. 云南植物研究，29(4)：377–387.

[30] Zhang JH, Cao M, 1995. Tropical forest vegetation of Xishuangbanna, SW China and its secondary changes, with special reference to some problems in local nature conservation[J]. *Biological Conservation*, 73：229–238.

[31] 王鸿祯，1985. 中国古地理图集 [M]. 北京：地图出版社 .

[32] 孙湘君，1979. 中国晚白垩世—古新世孢粉区系的研究 [J]. 植物分类学报，17 (3)：8–21.

[33] Zhang YJ, Holbrook NM, Cao KF, 2014. Seasonal Dynamics in Photosynthesis of Woody Plants at the Northern Limit of Asian Tropics: Potential Role of Fog in Maintaining Tropical Rainforests and Agriculture in Southwest China[J]. *Tree Physiology*, 34：1069–1078.

[34] 李延辉，1996. 西双版纳高等植物名录 [M]. 昆明：云南民族出版社 .

[35] 欧晓昆，1997. 西双版纳保护植物特征研究 [J]. 应用生态学报，8：65–70.

[36] 西双版纳国土经济研究编辑组，1989. 西双版纳国土经济研究 [M]. 昆明：云南科技出版社 .

[37] 梁多俊，1989. 西双版纳野生动物的种类及特征 [J]. 热带地理，9(3)：257–263.

[38] 冯利民，张立，2005. 云南西双版纳尚勇保护区亚洲象对栖息地的选择 [J]. 兽类学报，25(3)：229–236.

[39] 甘宏协，胡华斌，2008. 基于野牛生境选择的生物多样性保护廊道设计：来自西双版纳的案例 [J]. 生态学杂志，27(12)：2153–2158.

[40] 冯利民，王利繁，王斌，等，2013. 西双版纳尚勇自然保护区野生印支虎及其三种主要有蹄类猎物种群现状调查 [J]. 兽类学报，33(4)：308–318.

[41] Myers N, Mittermeier RA, Mittermeier CG et al., 2000. Biodiversity hotspots for conservation priorities[J]. *Nature*, 403：853–858.

[42] Tordoff AW, Baltzer MC，Fellowes JR et al., 2012. Key biodiversity areas in the Indo-Burma hotspot: Process, progress and future directions[J]. *Journal of Threatened Taxa*, 4：2779–2787.

[43] 刘颖颖，朱华，2015. 云南热带植物资源的多样性及其保护 [J]. 中国野生植物资源，34(2)：45–48.

[44] 徐翔，张化永，谢婷，2018. 西双版纳种子植物物种多样性的垂直格局及机制 [J]. 生物多样性，26(7)：678–689.

[45] 李宗善，唐建维，郑征，等，2004. 西双版纳热带山地雨林的植物多样性研究 [J]. 植物生态学报，(6)：833–843.

[46] 杨清，韩蕾，陈进，等，2006. 西双版纳热带雨林的价值、保护现状及其对策 [J]. 广西农业生物科学，25(4)：341–348.

[47] 朱华，闫丽春，2012. 云南西双版纳野生种子植物 [M]. 北京：科学出版社 .

[48] 朱华，2000. 西双版纳龙脑香热带雨林生态学与生物地理学研究 [M]. 昆明：云南科技出版社 .

[49] 中国科学院中国植物志编辑委员会，2005. 中国植物志 [M]. 北京：科学出版社 .

[50] 王慷林，薛纪如，1993. 西双版纳竹类植物分布及其特点 [J]. 植物研究，13(1)：80–92.

[51] 王慷林，普迎东，2003. 竹类植物民间分类与传统管理 [J]. 西北植物学报，23(2)：257–262.

[52] 田静，2009. 西双版纳傣族竹文化研究 [J]. 重庆工商大学学报（自然科学版），26(2)：137–140.

[53] 王慷林，薛纪如，1991. 西双版纳傣族传统利用竹子的研究 [J]. 竹子研究汇刊，10(4)：1–11.

[54] 李立生，何云，2014. 西双版纳竹类生物质能源的开发利用 [J]. 热带林业，42(1)：27–29.

[55] 李秦晋，刘宏茂，许又凯，等，2007. 西双版纳可食用竹笋资源研究 [J]. 云南大学学报（自然科学版），(S1)：255–259.

[56] 王慷林，薛纪如，1992. 西双版纳竹类民族食品开发利用的探讨 [J]. 自然资源，14(5)：67–72.

[57] 魏作东，杨大荣，彭艳琼，等，2005. 榕树在西双版纳热带雨林生态系统中的作用 [J]. 生态学

杂志，24(3)：233–237.

[58] 许再富，刘宏茂，陈贵清，等，1996. 西双版纳榕树的民族植物文化 [J]. 植物资源与环境，5(4)：48–52.

[59] 杨大荣，彭艳琼，张光明，等，2002. 西双版纳热带雨林榕树种群变化与环境的关系 [J]. 环境科学，(5)：29–35.

[60] 赵庭周，杨大荣，许继宏，2001. 榕树在西双版纳热带雨林中的地位和综合利用价值 [J]. 林业科学研究，(4)：441–445.

[61] 张玲，2002. 西双版纳榕树资源利用现状与开发前景 [J]. 中国野生植物资源，21(1)：15–17.

[62] 许又凯，刘宏茂，肖春芬，等，2005. 6 种食用榕树叶营养成分及作为木本蔬菜的评价 [J]. 武汉植物学研究，23(1)：85–90.

[63] 张丽霞，管志斌，2004. 西双版纳药用榕树资源 [J]. 亚热带植物科学，(2)：60–62.

[64] 刘爱华，许再富，窦剑，2006. 西双版纳野生花卉资源的利用与保护 [J]. 中国野生植物资源，25(6)：23–25.

[65] 高徽南，2012. 西双版纳傣族传统饮食文化及其审美特征 [J]. 文山学院学报，25(4)：14–17.

[66] Guo S, Qin D, Zhang HX et al., 2016. New Sweet-tasting C21-pregnane Glycosides from *Myriopteron extensum* (Wight) K. Schum[J]. *Journal of Agricultural and Food Chemistry*, 64(49)：9381–9389.

[67] 程必强，1991. 西双版纳少数民族的食用香料植物 [J]. 香料香精化妆品，(3)：27–31.

[68] 杨爱芝，张芸香，何开红，等，2008. 香糯竹综合开发利用初步研究 [J]. 林业调查规划，33(4)：96–99.

[69] 陈重明，2004. 民族植物与文化 [M]. 南京：东南大学出版社 .

[70] 李伟良，2018. 傣族地区芭蕉类植物的民族植物学研究 [J]. 中国野生植物资源，37(4)：54–59.

[71] 吴征镒，周太炎，肖培根，1988. 新华本草纲要 [M]. 上海：上海科学技术出版社 .

[72] 夏玉凤，刘欣，2000. 匙羹藤的开发研究 [J]. 中国野生植物资源，19(3)：1–6+40.

[73] 胡祖艳，范青飞，冯峰，等，2014. 槟榔青茎皮的化学成分研究 [J]. 天然产物研究与开发，26(A02)：190–193.

[74] 仁绍坤，彭霞，陆应彩，等，2011. 傣药藤甜菜化学成分预试验 [J]. 中国民族医药杂志，17(11)：37–38.

[75] 张焕莉，范青飞，李宁新，等，2016. 麻欠树皮的化学成分研究 [J]. 天然产物研究与开发，28(3)：366–370.

[76] 刘怡涛，龙春林，2001. 云南各民族食用花卉中的人文因素 [J]. 自然杂志，23(5)：292–297.

[77] 许再富，段其武，杨云，等，2010. 西双版纳傣族热带雨林生态文化及成因的探讨 [J]. 广西植物，30(2)：185–195.

[78] 裴盛基，1982. 西双版纳民族植物学的初步研究 . 见：中国科学院云南热带植物研究所编，热带植物研究论文报告集（一）[C]，昆明：云南人民出版社，16–30.

[79] 李秦晋，刘宏茂，许又凯，等，2007. 西双版纳傣族利用野生蔬菜种类变化及原因分析 [J]. 云南植物研究，29(4)：467–478.

[80] 樊冬梅，2017. 傣族生物多样性相关传统知识编目与医药案例研究 [D]. 中央民族大学 .

[81] 许再富，岩罕单，段其武，等，2015. 植物傣名及其释义 [M]. 北京：科学出版社 .

[82] 李昆，2017. 狗肝菜化学成分及药理活性研究进展 [J]. 大众科技，19(4)：63–64.

[83] 曹庆超，李冰，金银哲，等，2018. 皱果苋提取物的抗炎及抗癌作用研究 [J]. 扬州大学学报（农业与生命科学版），39(4)：51–55.

[84] 林文群，陈忠，刘剑秋，2003. 青葙子化学成分初步研究 [J]. 亚热带植物科学，32(1)：20–22.

[85] 孙存华，李扬，贺鸿雁，等，2005. 藜的营养成分及作为新型蔬菜资源的评价 [J]. 广西植物，25(6)：598–601.

[86] 邵桦，薛达元，2017. 云南佤族传统文化对蔬菜种质多样性的影响 [J]. 生物多样性，25(1)：46–52.

[87] 周鑫悦，余丽双，2019. 盐肤木化学成分研究进展 [J]. 贵阳中医学院学报，41(1)：70–74.

[88] 张晓梅，2011. 野生植物资源积雪草的开发利用 [J]. 中国园艺文摘，27(11)：55–56.

[89] 官玲亮，庞玉新，张影波，等，2013. 中国特色民族药刺芫荽研究进展 [J]. 热带农业科学，33(3)：23–26.

[90] 汪雪勇，张海洋，2006. 野生水芹的合理开发利用 [J]. 中国野生植物资源，25(4)：31–32.

[91] 全国中草药汇编，1976. 全国中草药汇编 [M]. 北京：人民卫生出版社 .

[92] 李洪文，2004. 野生特色蔬菜南山藤繁苗及其高产栽培技术 [J]. 耕作与栽培，(5)：55–56.

[93] 汪海波，肖建青，刘锡葵，2009. 野生蔬菜苦凉菜抗氧化活性 [J]. 食品研究与开发，30(6)：1–3.

[94] 陶亮，王红燕，赵存朝，等，2016. 云南野生翅果藤营养活性成分分析 [J]. 食品科学，37(8)：142–146.

[95] 张洁，姜明辉，杨竹雅，等，2013. 民族药酸叶胶藤的鉴别研究 [J]. 云南中医中药杂志，34(4)：53–55.

[96] 刘宇婧，薛珂，邢德科，等，2017. 中国南部和西南部地区大野芋应用的民族植物学调查 [J]. 植物资源与环境学报，26(2)：118–120.

[97] 修程蕾，胡心怡，屠宇帆，等，2016. 五加属植物白簕活性成分及其应用研究进展 [J]. 亚热带植物科学，45(1)：90–94.

[98] 肖如昆，2003. 火镰菜野生变家种的栽培技术 [J]. 临沧科技，(4)：43–44.

[99] 沈钟苏，陈全斌，陈定奔，等，2004. 桄榔淀粉的理化性质研究 [J]. 食品科学，25(9)：46–49.

[100] 黄艺媛，段梦雯，卢蓓蓓，等，2019. 桄榔粉的开发现状和发展前景 [J]. 轻工科技，35(5)：6–7.

[101] 黄秋生，郭水良，方芳，等，2008. 野生蔬菜野茼蒿营养成分分析及重金属元素风险评估 [J]. 科技通报，24(2)：198–203.

[102] 吕俊，张敬杰，辛来香，等，2015. 菜蕨药食功效在布依族中的应用 [J]. 中国民族医药杂志，21(3)：37–38.

[103] 管开云，山口裕文，李景秀，等，2007. 中国秋海棠属植物的传统利用 [J]. 云南植物研究，29(1)：58–66.

[104] 陈琳琳，张文州，彭飞，等，2017. 西南猫尾木保健茶的制备及其毛蕊花糖苷含量和抗氧化能力测定 [J]. 食品研究与开发，38(15)：93–98.

[105] 周亮，黄自云，黄建平，2012. 火烧花 [J]. 园林，(3)：68–69.

[106] 陆小鸿，2014.“清热利咽”木蝴蝶 [J]. 广西林业，(9)：21–22.

[107] 向极钎，李亚杰，杨永康，等，2011. 碎米荠的研究现状 [J]. 湖北民族学院学报（自然科学版），29(4)：440–443.

[108] 郑道序，谢晓娜，詹潮安，等，2015. 橄榄品种果实营养成分的比较 [J]. 湖北农业科学，54(16)：3967–3969.

[109] 鲍晓华，2008. 铜锤玉带草食用开发研究 [J]. 中国林副特产，(3)：32–33.

[110] 沙莎，袁明，王跃华，2006. 云南野生树头菜的开发利用 [J]. 中国野生植物资源，25(3)：35–36.

[111] 刘玉芬，夏海涛，颜薇薇，2014. 树头菜黄酮提取工艺优化及体外抗氧化活性 [J]. 湖北农业科学，53(13)：3145–3148.

[112] 牛玉璐，2015. 南蛇藤的资源价值与播种繁殖技术 [J]. 现代农村科技，(19)：72–73.

[113] 方利英，刘宏茂，许又凯，2006. 西双版纳几种食用藻的营养分析 [J]. 食品科技，31(7)：277–279.

[114] 许本汉，2000. 傣乡藻类佳肴 [J]. 云南农业科技，(6)：34.

[115] 田关森，2005. 竹叶菜 [J]. 浙江林业，(8)：29.

[116] 赵天瑞，樊建，李永生，等，2004. 云南野生闭鞘姜的营养成分研究 [J]. 西南农业大学学报，26(4)：456–458.

[117] Kaamala R and Subramaniam B, 1983. *Coccinia grandis*，little-known tropical drug plant[J]. *Economic Botany*, 37(4)：380–383.

[118] 许又凯，刘宏茂，刀祥生，2003. 红瓜叶营养成分及作为野生蔬菜的评价 [J]. 云南植物研究，25(6)：680–686.

[119] 徐冬梅，黄海涛，李家慧，2019. 特色蔬菜绞股蓝优质高效栽培技术 [J]. 四川农业科技，(2)：24–25.

[120] 谭超，杨晶，蔡婷婷，等，2017. 油瓜种仁油与 8 种食用油理化及挥发性成分对比分析 [J]. 中国粮油学报，32(11)：83–89.

[121] 王趁，张玲玲，王雨华，2015. 油瓜的民族植物学研究 [J]. 植物分类与资源学报，37(2)：209–213.

[122] 王瑞江，2019. 中国热带海岸带野生果蔬资源 [M]. 广州：广东科技出版社 .

[123] 吴水金，李海明，黄惠明，等，2018. 不同山苦瓜资源田间性状和品质分析 [J]. 中国蔬菜，(3)：59–62.

[124] 陈小军，2010. 木鳖子栽培技术 [J]. 南方园艺，21(3)：54–55.

[125] 裴盛基，许又凯，2021. 西双版纳的植物与民族文化 [M]. 上海：上海科学技术出版社 .

[126] 隆卫革，黎素平，安家成，等，2017. 森林蔬菜赤苍藤营养分析与评价 [J]. 食品研究与开发，38(24)：124–127.

[127] 韦雪英，符策，冯兰，等，2015. 赤苍藤扦插繁育技术 [J]. 中国热带农业，(5)：69–71.

[128] 许又凯，刘宏茂，刀祥生，等，2004. 臭菜营养成分分析及作为特色蔬菜的评价 [J]. 广西植物，24(1)：12–16.

[129] 陆安梅，晏和贵，胡军，等，2017. 猪腰豆化学成分研究 [J]. 大理大学学报，2(6)：45–48.

[130] 代建菊，袁理春，李茂富，等，2015. 酸角在食品上的应用研究概述 [J]. 食品研究与开发，36(16)：17–20.

[131] 张庆芝，普春霞，孙娇，等，2009. 水香薷的生药学研究 [J]. 云南中医学院学报，36(6)：6–8；17.

[132] 冯志舟，2012. 云南石梓 [J]. 百科知识，(6)：49–50.

[133] 肖正春，张广伦，张卫明，2014. 山苍子民族植物学的初步研究 [J]. 中国野生植物资源，33(4)：34–35；71.

[134] 张丽琴，杨敏杰，秦荣，等，2003. 云南民间食花野菜 [J]. 北方园艺，(4)：24–25.

[135] 李向东，赵国晶，冉云，1998. 云南常见野生食花植物资源 [J]. 河北林果研究，13(S1)：14–16.

[136] 岑爱华，邓伟，莫熙礼，等，2017. 黔西南州野生柊叶资源调查研究 [J]. 种子，36(1)：60–63.

[137] Li R，Hu HB，Li XF et al.，2015. Essential oils composition and bioactivities of two species leaves used as packaging materials in Xishuangbanna, China[J]. *Food Control*, 51：9–14.

[138] 华景清，卢金言，胡舒洋，等，2014. 野生四叶菜气调保鲜生产工艺研究 [J]. 江苏农业科学，42(3)：210–212.

[139] 谢淑芳，2005. 野生滑板菜栽培 [J]. 云南农业，(6)：9.

[140] 许本汉，1997. 云南德宏州傣族景颇族对木瓜榕的利用 [J]. 云南农业科技，(6)：39.

[141] Shi YX, Xu YK, Hu HB et al., 2011. Preliminary assessment of antioxidant activity of young edible leaves of seven *Ficus* species in the ethnic diet in Xishuangbanna, Southwest China[J]. *Food Chemistry*, 128(4)：889–894.

[142] 邵泰明，宋小平，陈光英，等，2013. 大果榕叶挥发油成分的 GC-MS 分析 [J]. 林产化学与工业，33(3)：135–137.

[143] 周亮，黄自云，黄建平，2012. 硬皮榕 [J]. 园林，(9)：74–75.

[144] 韦乾蔚，陈学理，赵一燕，等，2016. 白肉榕叶提取物的生物活性及化学成分研究 [J]. 天然产物研究与开发，28(7)：1055–1059.

[145] 杜溶讫，于增金，殷彪，等，2018. 鼓槌石斛研究进展 [J]. 安徽农业科学，46(23)：6–8.

[146] 许良政，廖富林，赖万年，2006. 野生蔬菜守宫木及其栽培技术 [J]. 北方园艺，(3)：76–78.

[147] 郭巨先，杨暹，郭兰良，2005. 华南野生蔬菜守宫木的毒理学研究 [J]. 华南农业大学学报，26(4)：10–14.

[148] 西双版纳民族药调研办公室，1980. 西双版纳傣药志 [M]. 景洪：西双版纳州委科办和卫生局，132–133.

[149] 刘进平，黄东益，成善汉，2013. 新型热带香菜山蒌叶的营养成分测定 [J]. 热带生物学报，4(4)：362–364.

[150] 管志斌，2004. 大叶石龙尾的引种栽培 [J]. 中国野生植物资源，23(5)：61–62.

[151] 王明悦，施蕊，杨宇明，等，2013. 野龙竹茎中黄酮类化合物的组织化学定位及其提取工艺研究 [J]. 林业调查规划，38(1)：14–16；21.

[152] 王茜，王曙光，邓琳，等，2017. 不同种源版纳甜龙竹竹笋营养成分分析 [J]. 西南林业大学学报，37(5)：188–193.

[153] 郭永兵，夏念和，2010. 国产牡竹属野龙竹和版纳甜龙竹的订正 [J]. 热带亚热带植物学报，18(2)：133–136.

[154] 温太辉，1988. 竹类四新种及若干新组合 [J]. 竹子研究汇刊，7(1)：23–31.

[155] Zhang YX, Triplett JK, Li DZ, 2013. *Pseudosasa xishuangbannaensis* (Poaceae: Bambusoideae: Arundinarieae), a new species from Yunnan, China[J]. *Brittonia*, 65(2)：228–231.

[156] 何远宽，赵维，马杰，等，2016. 菜用金荞麦高产栽培技术优化 [J]. 贵州农业科学，44(1)：52–55.

[157] 林聪明，王道平，崔范洙，等，2012. 贵州产辣蓼挥发性成分分析 [J]. 广西植物，32(3)：410–414.

[158] 张红梅，2002. 马齿苋的利用价值及栽培 [J]. 特种经济动植物，5(7)：36–37.

[159] 林鹏程，李帅，王素娟，等，2005. 白花酸藤果化学成分的研究 [J]. 中国中药杂志，30(15)：1215–1216.

[160] 官智，曾陇梅，2000. 云南移栎黄酮成分研究 [J]. 天然产物研究与开发，12(3)：34–37.

[161] 李佩洪，陈政，龚霞，等，2017. 竹叶花椒嫩芽营养成分研究 [J]. 四川农业科技，(12)：32–34.

[162] 李伟良，2018. 滇南彝族婚宴中的水芹菜与鱼腥草 [J]. 今日民族，(8)：38–41.

[163] 张东华，汪庆平，1998. 具有开发前景的热带果蔬植物——树番茄 [J]. 资源开发与市场，14(5)：209–210.

[164] 蔡克华，1992. 云南特产蔬菜：树番茄 [J]. 长江蔬菜，(3)：36–38.

[165] 李芸瑛，黄丽华，陈雄伟，等，2006. 野生少花龙葵营养成分的分析 [J]. 中国农学通报，22(2)：101–102.

[166] 贤景春，吴伟军，2012. 少花龙葵茎总黄酮提取工艺及其抗氧化性研究 [J]. 广西植物，32(4)：567–570.

[167] 张洁，姜明辉，罗佳，等，2008. 民族药旋花茄的生药学研究 [J]. 云南中医中药杂志，29(5)：63–67.

[168] 苏婉玉，王艳芳，曹绍玉，等，2017. 野生茄属资源——水茄的开发利用 [J]. 长江蔬菜，(22)：32–34.

[169] 廖仲英，许良政，2018. 应用野生水茄的研究进展 [J]. 嘉应学院学报，36(8)：58–62.

[170] 钟惠民，袁瑾，张书圣，等，2002. 野生植物刺天茄和鸡蛋参的营养成分分析 [J]. 云南大学学报（自然科学版），24(6)：457–458；468.

[171] 张叶青，谢一辉，黄丽萍，2006. 白粉藤属植物化学成分及生理活性的研究进展 [J]. 时珍国医

国药，17(1)：107–108；110.

[172] 张娜，翁伟锋，2017. 天然可食用姜黄色素的研究进展 [J]. 山东化工，46(21)：72–73.

[173] 赵秀玲，2012. 姜黄的化学成分、药理作用及其资源开发的研究进展 [J]. 中国调味品，37(5)：9–13.

拉丁名索引

D

E

F

中文名索引

D

E

F

G

H

J

K

N

P

Q

R

S

T

W

X

Y

Z

致谢

历经5年的时间,《云南西双版纳特色野生蔬菜》一书终于完稿。该书能够顺利出版，得益于身边良师益友的无私帮助。首先感谢课题合作单位中国科学院华南植物园对该课题的大力支持，感谢该单位的王瑞江、梁丹等在课题执行过程中的热心帮助；感谢编者所在单位中国科学院西双版纳热带植物园的支持和帮助；感谢我园元江生态站陈爱国等在调查元江野生蔬菜资源时提供的热心协助；感谢我园同事肖春芬、张艳军、苏艳萍、牛红彬、李红梅、肖文祥、姜立举、莫海波、王桂娟等人在课题执行和书稿撰写过程中提供的无私帮助；感谢西双版纳的滕惠参与野生蔬菜的采样并分享多种野菜利用的民族植物学知识；感谢普洱学院学生蒋京佑、鲍华强、达伟品等人一起参与野生蔬菜野外考察；感谢野外考察时相遇的那些淳朴善良的村民；最后感谢我们的家人的默默陪伴和鼎力支持。谨对以上单位、个人及未能述及的人员表示衷心的感谢!

编　者

2021年9月于西双版纳热带植物园